©岩石力学与工程研究丛书

深埋硬岩温度蠕变试验特性研究

张龙云　林春金　李召峰　著

山东大学出版社
SHANDONG UNIVERSITY PRESS
·济南·

图书在版编目(CIP)数据

深埋硬岩温度蠕变试验特性研究 / 张龙云,林春金,
李召峰著. — 济南:山东大学出版社,2023.8
ISBN 978-7-5607-6489-4

Ⅰ.①深…　Ⅱ.①张…　②林…　③李…　Ⅲ.①水利工
程—坚硬岩石—高温—岩体应力—岩石流变学—研究
Ⅳ.①TV223.1

中国国家版本馆CIP数据核字(2023)第119538号

策划编辑　李　港
责任编辑　李　港
封面设计　王秋忆

深埋硬岩温度蠕变试验特性研究
SHENMAI YINGYAN WENDU RUBIAN SHIYAN TEXING YANJIU

出版发行	山东大学出版社
社　　址	山东省济南市山大南路20号
邮政编码	250100
发行热线	(0531)88363008
经　　销	新华书店
印　　刷	山东和平商务有限公司
规　　格	787毫米×1092毫米　1/16
	11.25印张　254千字
版　　次	2023年8月第1版
印　　次	2023年8月第1次印刷
定　　价	78.00元

　　本书获得国家重点研发计划课题(编号:2022YFB2601903)、国家自然科学基金面上项目(编号:52178338)、山东省重点研发计划(重大科技创新工程)项目(编号:2021CXGCO10301)、山东大学实验室建设与管理研究重大项目"多学科交叉融合自研仪器设备创新机制体制研究"(编号:sy20201302)资助。

内容简介

 岩石蠕变力学特性研究是岩石动力学和岩石力学领域的难点课题。本书结合作者多年来积累的岩石蠕变试验研究成果,对深埋硬岩试样在不同温度和不同荷载作用方式下的蠕变力学特性进行了系统的试验研究。首先,通过试验研究试样在不同温度、不同应力状态条件下的强度和变形特性;其次,在试验研究的基础上,采用不同的长期强度分析方法,分析岩石蠕变长期强度;再次,通过理论研究,建立深埋硬岩不同温度条件下的加载蠕变模型和卸荷蠕变模型;最后,通过实际工程进行应用,有效指导工程实践。

 本书可供从事岩石力学研究的科研人员和研究生参考使用,对土木工程、水电工程、地下工程和矿山工程等领域的工程技术人员和大专院校师生也具有指导意义。

前　言

本书以已建和在建水电站深埋隧洞工程为依托,对深埋硬岩试样在不同温度和不同荷载作用方式下的蠕变力学特性进行系统的试验研究,分析深埋硬岩在不同温度条件下的加载蠕变特性、卸荷蠕变特性及其蠕变破坏规律;提出有效地分析深埋硬岩加载蠕变和卸荷蠕变长期强度的方法;通过理论分析,推导深埋硬岩的温度蠕变模型和卸荷蠕变模型;开发相应的计算程序并进行数值仿真计算,建立数值模型,实现工程应用。

本书共分8章。第1章介绍国内外蠕变试验研究现状;第2章介绍深埋硬岩三轴试验研究成果;第3章介绍深埋硬岩温度加载蠕变试验研究成果;第4章介绍深埋硬岩温度卸荷蠕变试验研究成果;第5章介绍深埋硬岩加卸载蠕变试验研究成果;第6章介绍深埋硬岩高温加载蠕变模型及数值分析计算研究成果;第7章介绍深埋硬岩卸荷非线性蠕变模型及数值分析计算研究成果;第8章介绍深埋硬岩蠕变数值模型工程应用研究成果。

本书得到了国家重点研发计划课题(编号:2022YFB2601903)、国家自然科学基金面上项目(编号:52178338)、山东省重点研发计划(重大科技创新工程)项目(编号:2021CXGCO10301)、山东大学实验室建设与管理研究重大项目“多学科交叉融合自研仪器设备创新机制体制研究”(编号:sy20201302)的大力资助,作者在此深表感谢。

本书的完成得到了山东大学张强勇教授的指导和帮助,作者在此表示诚挚的谢意,同时对参与本书相关内容研究的林韩祥、丁炎志、江力宇也一并表示感谢。

在撰写过程中,作者参阅了国内外相关专业领域的大量文献资料,在此向所有文献的作者表示感谢。

由于水平有限,书中难免存在疏漏和欠妥之处,敬请广大读者批评指正。

作者

2023 年 6 月

目　录

第1章　概　论 ……………………………………………………… 1

　1.1　引　言 ………………………………………………………… 1

　1.2　国内外研究现状 ……………………………………………… 2

　1.3　主要研究成果 ………………………………………………… 5

第2章　深埋硬岩三轴试验 ………………………………………… 7

　2.1　引　言 ………………………………………………………… 7

　2.2　试验概况 ……………………………………………………… 7

　2.3　试验条件 ……………………………………………………… 7

　2.4　三轴试验结果分析 …………………………………………… 9

　2.5　破坏模式 ……………………………………………………… 19

　2.6　小　结 ………………………………………………………… 20

第3章　深埋硬岩温度加载蠕变试验 ……………………………… 21

　3.1　引　言 ………………………………………………………… 21

　3.2　试验概况 ……………………………………………………… 21

　3.3　温度加载蠕变试验结果分析 ………………………………… 24

　3.4　破坏模式分析 ………………………………………………… 44

　3.5　长期强度分析 ………………………………………………… 47

　3.6　小　结 ………………………………………………………… 52

第4章　深埋硬岩温度卸荷蠕变试验 ……………………………… 53

　4.1　引　言 ………………………………………………………… 53

　4.2　深埋硬岩高温卸荷蠕变试验 ………………………………… 53

　4.3　深埋硬岩常温卸荷蠕变试验 ………………………………… 66

　4.4　卸荷蠕变长期强度分析 ……………………………………… 79

4.5 小 结 ……………………………………………………………87

第5章 深埋硬岩加卸载蠕变试验 ……………………………………88

5.1 引 言 ……………………………………………………………88
5.2 试验概况 …………………………………………………………88
5.3 加载蠕变试验结果分析 …………………………………………90
5.4 卸荷蠕变试验结果分析 …………………………………………93
5.5 岩体破坏特征分析 ………………………………………………97
5.6 加卸载蠕变长期强度分析 ………………………………………99
5.7 小 结 …………………………………………………………101

第6章 深埋硬岩高温加载蠕变模型 ………………………………102

6.1 引 言 …………………………………………………………102
6.2 深埋硬岩高温蠕变特征分析 …………………………………102
6.3 热黏弹塑性蠕变损伤模型 ……………………………………103
6.4 蠕变参数反演 …………………………………………………110
6.5 模型验证 ………………………………………………………112
6.6 小 结 …………………………………………………………121

第7章 深埋硬岩卸荷非线性蠕变模型 ……………………………123

7.1 引 言 …………………………………………………………123
7.2 深埋硬岩卸荷蠕变特征分析 …………………………………123
7.3 损伤特性分析 …………………………………………………124
7.4 卸荷蠕变组合元件分析 ………………………………………127
7.5 基于分数阶的卸荷非线性蠕变本构模型 ……………………132
7.6 卸荷非线性蠕变模型的三维表达形式 ………………………136
7.7 参数辨识及参数敏感性分析 …………………………………138
7.8 卸荷蠕变模型的数值实现 ……………………………………147
7.9 小 结 …………………………………………………………151

第8章 工程应用 ……………………………………………………153

8.1 工程概况 ………………………………………………………153
8.2 数值计算模型 …………………………………………………154
8.3 计算条件 ………………………………………………………154
8.4 数值分析 ………………………………………………………155
8.5 小 结 …………………………………………………………159

参考文献 ……………………………………………………………160

第1章 概 论

1.1 引 言

随着经济的飞速发展和科技的迅速进步,许多大型水利水电工程不断向地下深层延伸,特别是在"西部大开发"过程中,一批大型或超大型的地下洞室工程涌现,如二滩水电站、龙滩水电站、溪洛渡水电站、拉西瓦水电站、大岗山水电站、双江口水电站、锦屏一级水电站、锦屏二级水电站、瀑布沟水电站等。随着深度的增加,地质岩体处于更加复杂的环境,如地应力增大、地温升高、渗透压增大、变形增大等,这些都导致深埋岩体力学性质发生变化。据不完全统计,目前我国已建成的跨度在 20 m 以上的大型高边墙地下厂房洞室工程有 15 座,在建和即将建成的大型高边墙地下厂房洞室工程有 20 多座。高地应力、高渗透压和高地温环境是我国西部地区地下洞室工程的突出特点。处于高地应力地区的水电站的地下厂房常常因洞室开挖卸荷而导致围岩出现大量裂隙,进而发生大变形和失稳破坏。如在锦屏二级水电站引水隧洞施工期间,洞壁围岩因开挖卸荷产生了大量劈裂裂隙,严重影响了正常施工。在岩浆活动剧烈、侵入岩发育的地段,高地温现象是影响围岩稳定的一个重要因素。温度变化使得岩体产生热应力作用,大大削弱了岩体的整体强度,导致围岩稳定性降低。乌东德水电站、齐热哈塔尔水电站、娘拥水电站、布仑口—公格尔水电站等水电站的引水隧洞在开挖过程中都出现过高地温现象。这种高地温现象会进一步促进岩体的变形和洞内温度的升高,促使水电站洞室围岩变形。如齐热哈塔尔水电站引水隧洞高温洞段岩壁平均温度超过 75 ℃,最高揭露温度达到 110 ℃,洞室的空气平均温度都在 50 ℃以上,甚至部分洞段出现了高温高压的气体喷射现象,气体温度为 160~170 ℃,洞室围岩出现大量裂隙,岩体变形明显增大,远远超过正常变形。

总之,高地应力和高地温环境是我国西部地区地下洞室工程的突出特点。深埋洞室岩体开挖卸荷蠕变破坏会进一步诱发严重的工程灾害,这已成为影响地下洞室开挖施工安全和长期稳定运行的重要因素,并成为地下工程领域研究的热点和难点问题。由此可见,开展深埋硬岩蠕变试验研究具有十分重要的理论意义和工程应用价值。

1.2　国内外研究现状

自20世纪30年代以来,国内外学者对岩石和岩体的蠕变特性及其本构关系开展了大量试验与理论研究,取得了丰富的研究成果。下面分别从岩石试验研究、理论分析和数值分析等方面展开概述。

1.2.1　岩石蠕变特性试验研究

岩石蠕变力学特性是解释和分析地质构造运动及预测岩体工程长期稳定性的重要基础。岩石蠕变力学试验试图从宏观和微观方面去认识岩石的蠕变性质,是了解岩石蠕变力学特性的重要手段,具有能够长期观察、可严格控制试验条件、排除次要因素及重复次数多等特点,可以为岩石蠕变本构模型的建立提供原创性数据,同时也可以为蠕变模型在地下工程中的应用提供试验参数。

岩石蠕变力学试验主要包括压缩蠕变试验、温度蠕变试验和卸荷蠕变试验。

1.2.1.1　压缩蠕变试验

压缩蠕变试验经历了从单轴到多轴的发展历程。大久保(Okubo)研制开发了刚性流变试验机,对大理岩、砂岩和安山岩等岩样进行了单轴压缩蠕变试验,获得了岩石加速蠕变阶段的完整应变—时间曲线,并建立了相应的蠕变方程。布卡诺(Boukharovg)通过室内三轴蠕变试验,研究了硬岩3个不同蠕变阶段的蠕变特性。藤井(Fujii)对花岗岩和砂岩进行了三轴压缩蠕变试验,分析了轴向、横向和体积应变3种蠕变曲线。马拉尼尼(Maranini)通过三轴压缩试验研究了花岗岩的蠕变行为。范庆忠对龙口矿区含油泥岩进行了低围压条件下的三轴压缩蠕变试验研究,分析了其时效变形特点及围压对岩石蠕变参数的影响。李维树针对高地应力环境岩体开挖卸荷后应力变化复杂等特点,在锦屏二级水电站对深埋大理岩进行了尺寸为500 mm×500 mm×1000 mm(长×宽×高)的现场真三轴长期蠕变试验。勃兰特(Brantut)对岩石的时效破裂和脆性蠕变展开了综述,指出岩石的脆性蠕变速率受应力、围压、温度、渗流等外界环境影响,脆性蠕变模型只能定性描述脆性蠕变的宏观变形,无法定量预测脆性蠕变特性。刘(Liu)通过单轴加载和循环加载试验,研究了深埋饱和岩石的蠕变力学特性。肖明砾研究了丹巴水电站石英云母片岩的三轴蠕变特性及其各向异性特性。张(Zhang)进行了复杂荷载三轴蠕变试验,研究了破碎岩石的时效蠕变行为。杨(Yang)通过多步加载蠕变试验探讨了加载历史对蠕变变形的记忆效应,提出了一种多步加载下蠕变应变的时变校正方法。

1.2.1.2　温度蠕变试验

在不同温度条件下,岩石蠕变特性也存在差异。马丁(Martin)针对凝灰岩进行了温度250 ℃、围压5 MPa的轴压加载蠕变试验,发现温度对凝灰岩的强度和蠕变变形均有影响,即温度升高,岩石强度降低,变形随着时间增长和温度升高而变大。刘泉声开展了温度从常温到300℃范围内三峡花岗岩的单轴蠕变试验,研究了温度对蠕变变形、力学参数和强度特性的影响规律,并建立了三峡花岗岩应力和变形关系的温度力学模型。高小平对经历不同温度后盐岩的力学性能进行了试验研究,研究了应力水平和温度对盐岩蠕变特性的影响。张宁进行了花岗岩试件(直径200 mm,高400 mm)的高温蠕变试验,发现大尺寸花岗岩在不同温度和围压、轴压下会经历不同的蠕变阶段,温度和压力的升高将加快岩石的蠕变过程。李剑光通过砂岩的三轴温度蠕变试验,发现偏应力是软岩蠕变发生的主导因素,但热影响因素不可忽视,温度升高,总蠕变量、起始蠕变量、瞬时应变、蠕变速率都增大。茅献彪对泥岩展开了不同温度(25℃和700℃)下的蠕变试验,发现温度是影响泥岩蠕变性质的重要因素。瑞巴克(Rybacki)对大理岩进行了温度900℃、围压400 MPa、最大剪应力20 MPa的剪切蠕变试验,发现岩石弱侧存在应力集中现象,会发生局部化蠕变。赵(Zhao)对热钻孔进行了高温蠕变试验,研究了蠕变发生的温度、应力、变形临界值,揭示了变形破坏的临界状态。叶(Ye)进行了20~80℃温度范围的绿片岩三轴蠕变试验,结果表明温度对峰值强度和破坏时间的影响较大,而对残余强度和体积应变的影响较小,高应力时温度对破坏时间的作用尤为明显。周(Zhou)研究了高温作用下麻粒岩的蠕变变形特征,发现麻粒岩在低温作用下发生脆性变形、在高温作用下发生塑性变形。

1.2.1.3　卸荷蠕变试验

随着岩石力学试验研究的不断发展,人们逐渐发现卸荷岩体力学更符合实际工程的力学状态,并提出了更符合工程实际力学状态的卸荷岩体力学。于是,在卸荷岩体力学基础上,众多学者结合工程实际开展了岩石卸荷试验研究。索瑞斯(Sorace)进行了岩石试件的长期蠕变试验,通过对稳态蠕变不同阶段进行卸荷并再加载至最大应力值,研究了岩石的蠕变特性,并提出了简易的数学模型描述试验结果。卡夫(K-F)研究了持续加载和部分卸荷条件下土工材料试件的蠕变特性,采用3个理论模型对试验数据进行了拟合讨论。朱杰兵对页岩进行了恒轴压、逐级卸围压应力路径下的卸荷蠕变试验,发现页岩在较低应力水平下,轴向及横向蠕变曲线呈现出衰减阶段的蠕变特性。闫子舰对锦屏大理岩试样进行了分级卸围压蠕变试验,发现卸围压不仅影响岩样的瞬时变形而且对蠕变变形也有很大影响,卸荷蠕变过程中横向不可恢复变形相对于轴向发展更快,岩样破坏前在横向的反应要比轴向更为剧烈和明显。石振明采用绿片岩进行了恒定轴压分级卸围压应力路径下的三轴蠕变特性研究。巴津(Bazhin)研究了静水压力条件下材料微孔隙附近的加卸载蠕变变形和应力松弛特性,并建立了非线性蠕变模型描述材料的加卸载塑性变形和蠕变变形。姜德义开展了单轴压缩和三轴卸荷扩容试验,发现在相同的偏应力作用下,卸荷试验可产生更大的扩容。刘(Liu)考虑了岩石的开挖卸荷破坏,通过三轴卸荷蠕变试验研究了大理岩卸荷蠕变特性,发现岩石卸荷蠕变速率和蠕变变形都随着轴向应力的增大而增大,随着围压的增大而减小。邓华锋进行了砂质泥岩的分级卸荷蠕变试验,研究了恒轴压卸围压和加轴压卸围压两种不同路径下泥岩的卸荷蠕变变形特征和破坏特征。赵(Zhao)通过多级加卸载三轴蠕变试验研究了石灰岩完整试件和含裂隙试件的蠕变特性,发现内置裂隙岩石试件初期蠕变时间更长,瞬时蠕变更大,稳态蠕变速率更大。王(Wang)通过三轴卸荷蠕变试验研究发现,当荷载小于岩石蠕变长期强度时,蠕变参数仅与卸载比有关,当荷载大于岩石蠕变长期强度时,卸载蠕变参数与卸载比和蠕变时间有关,进而提出了岩石卸荷非线性蠕变损伤模型。

1.2.2 岩石蠕变特性理论研究

蠕变模型是分析岩石蠕变力学特性的重要理论方法,蠕变模型的建立也是岩体流变力学理论研究中的重要组成部分。近年来,岩石流变模型理论研究得到了一定程度的发展,经验蠕变模型、原件组合模型、非线性蠕变力学模型等得到了较为广泛的应用。其中,利用实测试验资料反演已知蠕变模型参数,进而发展到对未知模型的辨识,已成为较为常用的研究方法。然而,当前岩石蠕变模型理论仍是岩体力学研究中的难点和热点问题,许多重大岩体工程的建设为岩石蠕变模型理论的研究带来了严峻的挑战,许多学者运用损伤力学、热力学、断裂力学、能量传送及扩散理论等进行模型分析,进而取得了较为满意的研究成果。

刘泉声将时温等效原理应用到岩石的温度效应中,基于热力学原理建立了非线性演化方程并解得了热黏弹本构方程。徐卫亚基于绿片岩的三轴蠕变试验曲线,提出了一个新的非线性黏塑性体(NVPB),建立了新的岩石七元件非线性黏弹塑蠕变模型。左建平建立了热弹性元件,并考虑温度对黏性元件的影响,基于西原模型建立了温度本构模型,推导了蠕变、松弛和卸载方程。胡其志根据连续介质损伤力学,定义了温度损伤变量,通过真实应力和有效应力的转换,对加速蠕变阶段进行损伤劣化,建立了非线性的热力耦合广义宾汉姆(Bingham)模型。梁玉雷考虑了温度和温度周期对蠕变的影响,通过对蠕变变形进行温度折减,建立了描述大理岩温度蠕变特性的改进伯格斯(Burgers)模型。朱杰兵以锦屏二级水电站引水隧洞绿砂岩为研究对象,开展了室内恒轴压卸围压蠕变试验,建立了岩石蠕变参数非线性Burgers模型。周(Zhou)基于分数阶微积分理论,构建了能够描述盐岩蠕变特性的黏弹塑性本构模型。内德贾(Nedjar)基于黏弹性连续损伤力学建立了三维力学模型,以描述石膏岩的长期蠕变行为。王春萍考虑温度对花岗岩特征参数的影响,结合岩石蠕变破坏过程中的损伤演化规律,提出了一种新的高温损伤蠕变元件,构建了能够描述不同温度条件下花岗岩蠕变全过程的本构模型。陈(Chen)建立了基于不均匀颗粒的离散元法数值模型,能够描述岩石蠕变三阶段时效特性。鲁(Lu)提出了一种双重尺度模型,模拟不均匀脆性岩石蠕变时效损伤、变形和破裂行为。吴(Wu)基于分数阶微积分理论建立了改进的麦克斯韦蠕变模型,较好地描述了岩石的蠕变特性。李(Li)通过岩石蠕变损伤的宏观定义与微观力学之间的联系建立了微观力学模型,研究了不同应力路径下岩石的蠕变特性。杨(Yang)通过替换原有模型参数提出了一种改进的西原模型,从而更好地描述软岩的非线性加速蠕变特性。汤(Tang)提出了一种基于变阶分数阶导数和连续损伤力学的四元蠕变模型,分段模拟了岩石蠕变行为。

1.2.3 岩石蠕变数值模拟研究

随着计算机的发展和数值计算技术的提高,数值模拟方法被越来越广泛地应用于拱坝破坏过程和整体安全度的研究。近年来,大型洞室工程及高坝边坡工程等工程岩体长期变形和稳定性的数值模拟取得了较大进展,出现了有限差分法、有限元法、边界元法、无限元法、无单元法、刚体弹簧元法、离散单元法、非连续变形分析和数值流形方法等多种计算理论及方法,为岩土工程的数值分析与模拟提供了新的途径。

冯学敏以岩石极限拉应变作为卸荷松弛的判别准则,运用三维弹黏塑性加锚节理岩石流变模型,对锦屏一级拱坝建基面开挖卸荷松弛进行了数值分析。赵同彬利用改进的B-K锚固流变模型对口孜东煤矿深埋巷道围岩稳定性进行了预测分析,模拟结果与现场实测规律趋于一致。左双英基于FLAC3D平台,建立了反映层状岩体横观各向同性的层状岩体各向异性模型,并应用于某水电站泄洪建筑物围岩稳定性分析中。刘磊推导了裂隙在受拉剪应力状态下的损伤演化本构模型,采用FLAC3D平台计算分析了广西凤山石灰岩建材矿山卸荷损伤位移值及塑性区。许(Xu)设计了离散元法(DEM)和有限元法(FEM)的稳固耦合模型,对由高填料密度、相容界面和齐次矩阵等椭圆粒子组成的粒子强化复合材料的有效弹性模量进行了数值研究。杨宝全采用ANSYS程序对地基加固处理后的锦屏一级高拱坝进行了三维非线性有限元数值计算分析,评价了锦屏一级高拱坝工程的安全性和加固效果。赵(Zhao)采用离散元法研究了水岩相互作用和物理化学相互作用在库区边坡变形中的作用。

综上所述,目前国内外学者对岩石蠕变特性与破坏机理的研究还存在如下问题有待进一步研究:

(1)目前国内外学者主要通过岩体试样的加载力学试验来研究蠕变破坏现象,针对岩石复杂高温条件和复杂加卸载路径等蠕变内容的研究成果较少,有待进一步开展研究。

(2)岩石蠕变存在门槛效应,岩石在复杂高温条件和复杂加卸载路径下的长期强度有效分析方法有待开展深入研究。

(3)建立有效的蠕变力学模型是研究岩石蠕变特性的重要方面,复杂条件下的岩石非线性蠕变模型研究仍是需要进一步研究的重要课题。

因此,我们针对上述科学问题,采用试验研究、理论分析和数值模拟相结合的综合方法,系统研究深埋岩石温度蠕变特性和卸荷蠕变特性,分析深埋岩石蠕变破坏机理,建立模型并进行工程应用,以期为我国安全、经济、高效地进行大型地下洞室工程开发建设提供重要的理论方法和技术指导。

1.3 主要研究成果

以深埋岩石为研究对象,围绕水电站工程复杂条件下深埋岩体的蠕变特性,我们进行了深埋硬岩的常规三轴试验、常温卸荷蠕变试验、高温卸荷蠕变试验和高温加载蠕变试验。在此基础上,我们研究了深埋岩石在不同条件下的蠕变力学特性和破坏机理。

主要研究成果如下：

(1)采用全自动岩石三轴流变伺服仪，对孟底沟水电站、齐热哈塔尔水电站及北山花岗岩进行了常规三轴试验、高温加载蠕变试验、常温卸荷蠕变试验、高温卸荷蠕变试验、高温加卸载蠕变试验，获取了岩石基本力学特性，得到了花岗岩加载蠕变、卸荷蠕变、温度卸荷蠕变的变形规律、卸荷蠕变速率变化规律、卸荷蠕变强度变化规律。

(2)利用扫描电镜(SEM)进行岩石破坏断面的相关试验，从微细观角度揭示了硬岩高温加载蠕变、卸荷蠕变、高温卸荷蠕变、加卸载蠕变的损伤机制和破坏机制，解释了硬岩在不同蠕变条件下的细观结构变化与宏观强度及宏观破坏形式的关系，解释了软岩在不同蠕变条件下的细观结构变化与宏观强度及宏观破坏形式的关系。

(3)提出了分析岩石蠕变长期强度的方法、温度卸荷蠕变稳态蠕变速率交点法和高温加载蠕变变形模量判别法，较好地解决了岩石高温蠕变阈值出现较早以及卸荷与加卸载蠕变长期强度值较低的问题。

(4)建立了深埋硬岩热黏弹塑性蠕变损伤模型，能够较好地描述硬岩高温蠕变变形特征；建立了卸荷蠕变非线性损伤模型，能够较好地描述硬岩卸荷蠕变稳态蠕变阶段、加速蠕变阶段的变形特征。

(5)通过数值分析验证了模型的正确性和计算方法的可靠性，并结合实际工程进行了工程应用，证明研究结果对深埋隧洞工程的长期稳定性和安全性具有重要的指导意义。

第2章 深埋硬岩三轴试验

2.1 引 言

为了研究深埋硬岩的力学特性,我们以孟底沟水电站花岗岩、齐热哈塔尔水电站花岗岩和大岗山水电站辉绿岩为主要研究对象,开展了岩石的室内三轴试验。花岗岩和辉绿岩在三轴压缩条件下的破坏形式非常相似。在单轴压缩条件下,岩石破坏以张拉破坏为主,围压越高,岩石破坏裂隙面的张剪效应越明显,会产生明显的张剪破坏面。通过岩石的常规单轴和三轴压缩试验,揭示其变形特征、强度特征和破坏特征,为深埋硬岩的高温加载蠕变试验和高温卸荷蠕变试验提供依据。

2.2 试验概况

试验中所用的花岗岩岩质坚硬密实,主体部分为黑云母花岗岩,也有花岗闪长岩、石英二长岩及二长岩等,均呈浅灰色、灰色,块状构造,完整性好;辉绿岩岩质坚硬密实,主要矿物组分为辉石、斜长石、单斜长石、绿泥石和磁铁矿。

2.3 试验条件

2.3.1 岩样制备

现场取得深埋硬岩试样后,立即进行封蜡,运抵实验室后,在实验室内采用干式电锯打磨方法把试样加工成 50 mm×100 mm 的标准圆柱体岩石试件,并确保其平整度、垂直度等符合《水利水电工程岩石试验规程》(SL/T 264—2020)的试验要求。由于岩石遇水易膨胀和崩解,在钻取岩芯的过程中容易折断,因此整个过程均采取无水操作程序。图

2-1为制备的部分标准硬岩岩样试件。

(a)花岗岩　　　　　　(b)辉绿岩

图2-1　岩样试件

天然条件下的岩石往往具有离散性,为尽可能消除岩样离散性对试验研究的影响,我们在试验中采取如下措施:试件采自同一层位,按层理面的垂直方向取样,以消除沉积年代、沉积环境对岩样试件离散性的影响;制取试件后,首先从外观上进行初次筛选,选取外观完整、颜色一致的岩样进行尺寸测量、称重、编号,并计算岩样密度;将密度相近的试件进行声波速度筛选,采用声波速度相近的试件进行试验;试验过程中选取尽可能多的试件进行试验。

2.3.2　试验程序

试验在岩石全自动三轴流变伺服仪(型号:RLW-1000/500 kN)上完成,试验设备如图2-2所示。

图2-2　试验设备

该设备由山东大学岩土与结构工程研究中心自主研发,可操作性强,具备多项试验功能:可进行单轴和三轴的常规压缩试验以及加卸载蠕变试验,并可实现温度变化条件下的常规试验和蠕变试验,在研究需要时还可进行岩石的渗流及温度试验。试验采用位移加载和负荷加载两种控制方式。加载初期采用位移加载控制,确保试样与加载系统接触严密,位移加载速率控制在每秒0.001 mm;试样与加载系统贴合并确保轴心对称后,采用负荷加载控制,负荷加载速率控制在每秒100 N;试验临近结束前,再次改为位移加载控制,以避免岩样突然破坏而对仪器造成损坏。

常规三轴试验的具体试验步骤如下：

(1)制作试验表单,记录好试件编号及相关试验信息。

(2)试验前,先在岩样试件上下两端各加一个直径50 mm、高25 mm的圆柱状刚性垫块;轴心重合后,套上热缩套管并开始加热;待热缩套管与试样紧密贴合后,再用套箍将其上下端套紧,确保密封,以防渗油。

(3)安装岩样试件轴向与横向应变传感器,确保横向水平、轴向垂直,并反复调试触头,以触头刚刚接触到试件表面为最佳。

(4)将传感系统放入试验设备的压力室内,为避免偏心受压,需反复调试试件,直至试件轴心与液压系统轴心重合,再将传感器端口接入试验设备对应接口处。

(5)对岩样试件施加静水压力至预定值,并开始记录试验数据,然后再以100 N/s的加载速率施加轴向偏应力。若为加载蠕变和卸荷蠕变试验,则需要继续进行以下操作;若为常规试验,直接按照设定的速率加载,直至试件破坏,保存试验数据,然后进行第(9)步。

(6)保持加载速率为100 N/s,按规范操作对岩样试件施加静水压力,$\sigma_1 = \sigma_3$,并记录试验数据。

(7)变形稳定后,再以100 N/s的速率施加轴向应力至σ_1(或$\sigma_1 = \sigma_3$),待变形稳定后清零。

(8)保持设定的轴向应力σ_1(或$\sigma_1 = \sigma_3$)恒定,分级加载或卸除围压,待变形趋于稳定后,按100 N/s的速率继续进行下一级加载或卸荷,直至岩样试件破坏,记录试验数据。

(9)停止试验,取出岩样试件,拍照记录其破裂形式,保存好破坏的岩样,准备进行CT扫描试验。

CT扫描试验操作流程如图2-3所示。

(a)包装试件 (b)安装试件 (c)关闭压力室 (d)充油 (e)控制操作系统 (f)拆除试件

图2-3 CT扫描试验操作流程

2.4 三轴试验结果分析

在实验室常温环境下,我们对硬岩(花岗岩和辉绿岩)进行了三轴压缩试验。不同围压三轴压缩试验方案如下：

(1)花岗岩:三轴压缩试验围压分别为 0 MPa、10 MPa、20 MPa、30 MPa(选做)。

(2)辉绿岩:三轴压缩试验围压分别为 0 MPa、10 MPa、15 MPa、20 MPa、30 MPa。

2.4.1　应力—应变曲线

根据试验数据,绘制硬岩(花岗岩和辉绿岩)偏应力—轴向应变曲线、偏应力—横向应变曲线和偏应力—体积应变曲线,如图 2-4 和图 2-5 所示。

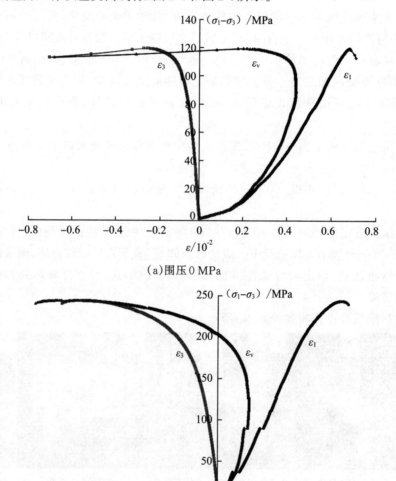

(a)围压 0 MPa

(b)围压 10 MPa

图 2-4　硬岩(花岗岩)应力—应变曲线(一)

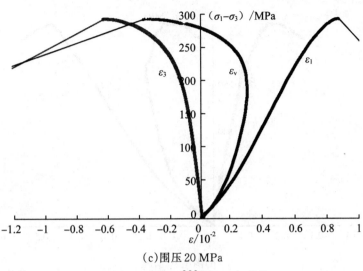

(c)围压 20 MPa

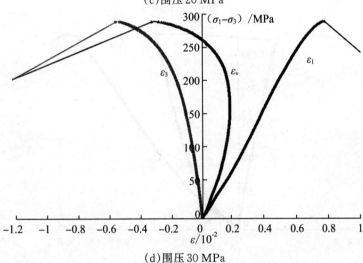

(d)围压 30 MPa

图 2-4 硬岩(花岗岩)应力—应变曲线(二)

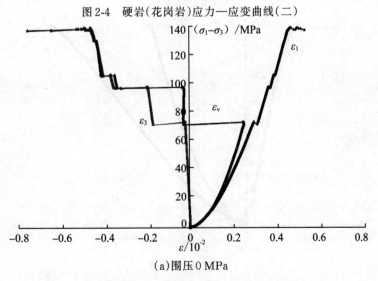

(a)围压 0 MPa

图 2-5 硬岩(辉绿岩)应力—应变曲线(一)

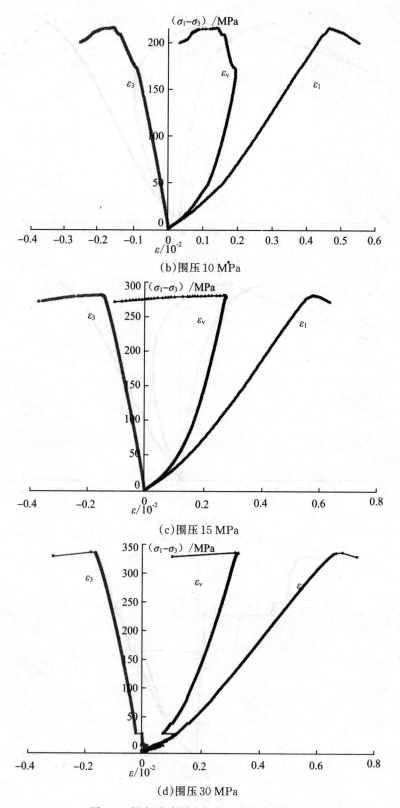

图 2-5　硬岩(辉绿岩)应力—应变曲线(二)

2.4.2　参数特征

一般地,岩石的变形模量、弹性模量、泊松比、黏聚力和内摩擦角等力学参数可由岩石单轴和三轴压缩全过程应力应变试验曲线获得。下面介绍相应的参数计算公式。

2.4.2.1　平均弹性模量和平均泊松比

$$E = \frac{\sigma_b - \sigma_a}{\varepsilon_{1b} - \varepsilon_{1a}} \tag{2-1}$$

$$\mu = \frac{\varepsilon_{3b} - \varepsilon_{3a}}{\varepsilon_{1b} - \varepsilon_{1a}} \tag{2-2}$$

式中,E、μ 分别为岩石的弹性模量(MPa)和泊松比;σ_a、σ_b 分别为轴向应力—应变曲线上线段起点和终点对应的应力值(MPa);ε_{1a}、ε_{1b} 分别为应力 σ_a、σ_b 对应的轴向应变值;ε_{3a}、ε_{3b} 分别为应力 σ_a、σ_b 对应的横向应变值。

以轴向压缩为“+”、横向拉伸为“−”定义体积应变 ε_v,计算公式为:

$$\varepsilon_v = \varepsilon_1 + 2\varepsilon_3 \tag{2-3}$$

式中,ε_1 为轴向应变,符号为“+”;ε_3 为横向应变,符号为“−”。

2.4.2.2　变形模量

$$E_d = \frac{\sigma}{\varepsilon} \tag{2-4}$$

式中,ε_d 为岩石变形模量;σ、ε 分别为总应力和总应变。一般地,变形模量多采用应力为岩样强度 50% 处应力与应变的比值,即 E_{50}。

2.4.2.3　黏聚力和内摩擦角

根据摩尔-库仑(Mohr-Coulomb)准则分析硬岩的破坏强度。以轴向应力 σ_1 为纵坐标值、围压 σ_3 为横坐标值,建立直角坐标系,对试验结果进行线性拟合,得到最大主应力和最小主应力的关系式。岩石的 c、φ 值为:

$$c = b\frac{1 - \sin\varphi}{2\cos\varphi} \tag{2-5}$$

$$\varphi = \sin^{-1}\frac{m-1}{m+1} \tag{2-6}$$

式中,m、b 分别为直线的斜率和纵轴上的截距。

因此,根据试验结果可得硬岩(花岗岩和辉绿岩)的强度及变形参数,如表2-1所示。

表 2-1　硬岩(花岗岩和辉绿岩)的强度及变形参数

岩石	σ_3/MPa	σ_1/MPa	$\sigma_1-\sigma_3$/MPa	峰值应变 $\varepsilon_{\text{峰}1}$/10^{-2}	峰值应变 $\varepsilon_{\text{峰}3}$/10^{-2}	变形模量/GPa	弹性模量/GPa	泊松比 μ
花岗岩	0	119.5	119.5	0.6957	−0.2457	18.2	26.6	0.22
	10	253	243	0.7808	−0.8625	32.1	36.2	0.24

续表

岩石	$\sigma_3/$ MPa	$\sigma_1/$ MPa	$\sigma_1-\sigma_3$ /MPa	峰值应变 $\varepsilon_{峰1}/$ 10^{-2}	峰值应变 $\varepsilon_{峰3}/$ 10^{-2}	变形模量/ GPa	弹性模量/ GPa	泊松比 μ
	20	311.8	291.8	0.8684	−0.6018	35.7	44.3	0.26
辉绿岩	0	142.5	142.5	0.4663	−0.4625	25.42	51.05	0.21
	10	227.46	217.46	0.4629	−0.1613	40.82	57.5	0.23
	15	297.72	282.72	0.5775	−0.1540	41.56	59.67	0.23
	30	370.09	340.09	0.6888	−0.1865	56.73	61.84	0.24

注：σ_3 表示围压；σ_1 表示轴向应力；$\sigma_1-\sigma_3$ 表示轴向偏应力。

2.4.3　变形特征

根据试验结果，绘制花岗岩和辉绿岩在不同围压下的常规三轴压缩应力—应变曲线，如图 2-6 所示。

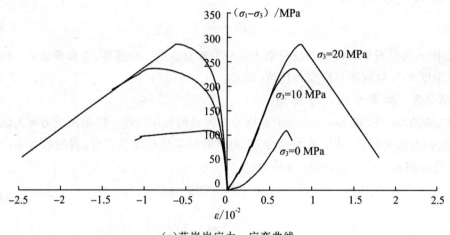

（a）花岗岩应力—应变曲线

图 2-6　硬岩三轴压缩应力—应变曲线（一）

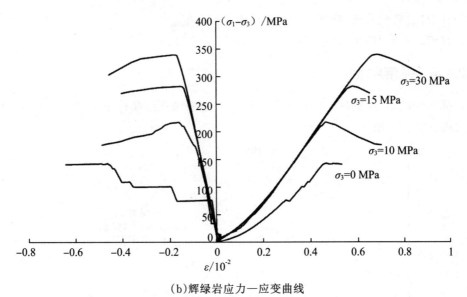

（b）辉绿岩应力—应变曲线

图 2-6　硬岩三轴压缩应力—应变曲线（二）

从图 2-6 可以看出,在三轴压缩条件下,硬岩的应力—应变曲线基本可分为 5 个阶段,即孔隙压密阶段、弹性变形阶段、屈服阶段、软化阶段和峰后破坏阶段。下面以围压 20 MPa 时花岗岩的典型应力—应变曲线为例,说明硬岩应力—应变全过程经历的 5 个不同阶段,如图 2-7 所示。

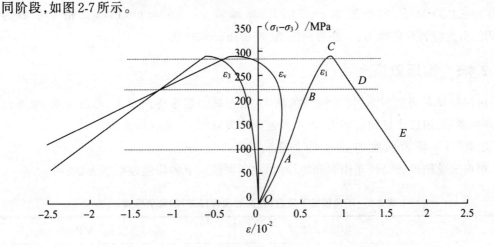

图 2-7　三轴压缩条件下硬岩的应力—应变曲线

由图 2-7 可以看出,当围压为 20 MPa 时,硬岩（花岗岩）应力—应变全过程分以下阶段:

（1）OA 段:孔隙压密阶段,曲线上凹。

（2）AB 段:弹性变形阶段,曲线近似直线。B 点为弹性极限。

（3）BC 段:屈服阶段,直线向曲线过渡。C 点为屈服极限。

(4)CD段:软化阶段,曲线下凹。D点为峰值强度。

(5)DE段:峰后破坏阶段,曲线呈线性陡降,岩石破裂。

2.4.4　强度特征

根据试验结果,绘制硬岩(花岗岩和辉绿岩)在三轴压缩条件下的轴向应力与围压的关系曲线,如图2-8所示。

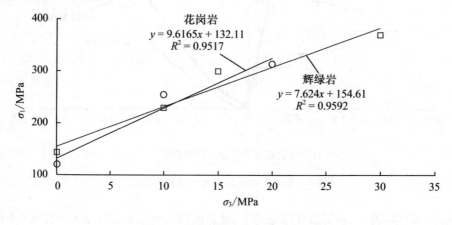

图2-8　硬岩轴向应力—围压曲线

由图2-8可以看出,花岗岩 $m=9.6165$,$b=132.11$,相关系数为0.9517,由此得到其黏聚力 $c=21.30$ MPa,内摩擦角 $\varphi=54.25°$;辉绿岩 $m=7.624$,$b=154.61$,相关系数为0.9592,由此得到其黏聚力 $c=28.0$ MPa,内摩擦角 $\varphi=50.18°$。

2.4.5　围压效应

由试验结果可以看出,随着围压的增大,岩石峰值强度逐渐增大,峰值应变、变形模量、弹性模量、泊松比也相应增大,但增长速率逐渐减缓,呈非线性变化。

2.4.5.1　峰值强度与围压的关系

根据试验结果,硬岩(花岗岩和辉绿岩)在不同围压下的峰值强度如表2-2所示。

表2-2　不同围压下硬岩(花岗岩和辉绿岩)的峰值强度

岩石	围压 σ_3/MPa	峰值强度 $\sigma_{峰}$/ MPa
花岗岩	0	119.5
	10	253
	20	311.8
辉绿岩	0	142.5
	10	227.46

续表

岩石	围压 σ_3/MPa	峰值强度 $\sigma_峰$/ MPa
辉绿岩	15	297.72
	30	370.09

根据试验结果,得到硬岩(花岗岩和辉绿岩)峰值强度与围压的关系曲线,如图2-9所示。

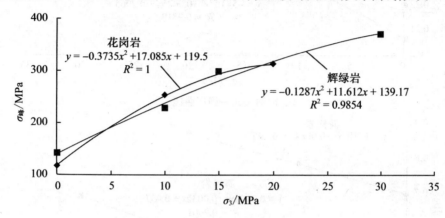

图2-9　峰值强度与围压的关系曲线

从表2-2及图2-9可以看出,围压对硬岩(花岗岩和辉绿岩)强度的影响逐渐增大,围压越高,峰值强度越大;同时,峰值强度受围压的制约,围压越大,峰值强度的增量越小。这一现象表明,随着围压的增大,岩石峰值强度呈非线性增加,围压对强度增加的约束影响随着岩石的脆-延性转化逐渐增大,高应力状态下岩石强度的非线性增强。

2.4.5.2　变形参数与围压的关系

根据试验结果,得到变形参数(变形模量 E_d、泊松比 μ、峰值应变 $\varepsilon_峰$)与围压 σ_3 的关系曲线,如图2-10所示。

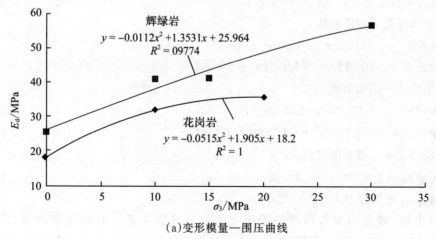

(a)变形模量—围压曲线

图2-10　变形参数与围压的关系曲线(一)

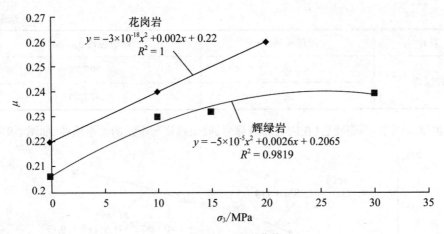

(b)泊松比—围压曲线

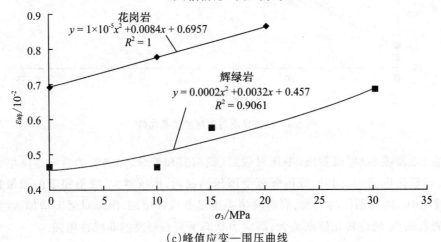

(c)峰值应变—围压曲线

图 2-10　变形参数与围压的关系曲线(二)

拟合后可得变形参数与围压的关系。

(1)变形模量—围压曲线:

花岗岩 $E_d = -0.0515\sigma_3^2 + 1.905\sigma_3 + 18.2$ 　　　　　(2-7)

辉绿岩 $E_d = -0.0112\sigma_3^2 + 1.3531\sigma_3 + 25.964$ 　　　　(2-8)

(2)泊松比—围压曲线:

花岗岩 $\mu = 3 \times 10^{-18}\sigma_3^2 + 0.002\sigma_3 + 0.22$ 　　　　　(2-9)

辉绿岩 $\mu = -5 \times 10^{-5}\sigma_3^2 + 0.0026\sigma_3 + 0.2065$ 　　(2-10)

(3)峰值应变—围压曲线:

花岗岩 $\varepsilon_{\text{峰}} = 1 \times 10^{-5}\sigma_3^2 + 0.0084\sigma_3 + 0.6957$ 　　(2-11)

辉绿岩 $\varepsilon_{\text{峰}} = 0.0002\sigma_3^2 + 0.0032\sigma_3 + 0.457$ 　　　(2-12)

可以发现,硬岩的变形参数与围压之间呈非线性关系。对花岗岩而言,围压由 0 MPa 增加到 10 MPa 时,变形模量从 18.2 GPa 增加到 32.1 GPa,增加比例为 76.37%;围压由 10 MPa 增加到 20 MPa 时,变形模量由 32.1 GPa 增大到 35.7 GPa,增加比例为 11.21%。对辉绿岩而言,围压由 0 MPa 增加到 10 MPa 时,变形模量从 25.42 GPa 增加到 40.82 GPa,增加比例为 60.58%;围压由 10 MPa 增加到 15 MPa 时,变形模量由 40.82 GPa 增大到 41.56 GPa,增加比例为 1.81%;围压由 15 MPa 增加到 30 MPa 时,变形模量由 41.56 GPa 增大到 56.73 GPa,增加比例为 36.5%。分析原因后我们认为,硬岩内部存在 孔隙,在围压作用下,孔隙被逐渐压密,导致岩石材料在同等应力水平下的变形值逐渐减 小,变形模量逐渐增大;当围压增大到一定水平,即孔隙压密后,在同等应力水平下,岩石 材料的变形逐渐减小,相应变形模量的增幅逐渐减小。泊松比和峰值应变的变化规律与 变形模量类似,在此不再详述。

2.5 破坏模式

硬岩在常规三轴压缩试验条件下发生破坏前没有明显的破坏预兆。发生破坏时,岩 石承载力大幅降低,并伴随清脆的破裂声,此时岩石应变骤然增大,发生脆性断裂破坏。 图 2-11 为硬岩在不同围压情况下的三轴压缩破裂形式。

由图 2-11 可以看出,硬岩在三轴压缩条件下的破坏形式非常相似。在单轴压缩条件 下,岩石破坏以张拉破坏为主,产生近乎平行于轴向的破坏裂隙(面),裂隙附近伴随较多 的破裂小碎块。随着围压的增大,岩石开始沿张拉破裂面产生张剪破坏,如围压 10 MPa 时花岗岩和辉绿岩产生明显的张剪破坏面。同时由于张性裂纹的存在,导致主要裂隙面 衍生出数量不等、大小不一的次生裂纹。围压越高,岩石破坏裂隙面的张剪效应越明显。 如围压 20 MPa 时的花岗岩和围压 30 MPa 时的辉绿岩,我们能清楚地看到张剪破裂面上 的张性剥落碎粒和滑移摩擦颗粒状粉末。这是因为岩样内部的张性裂纹在高围压、高应 力水平下迅速发展贯通,形成张剪性破裂面,导致岩样内部发生滑移摩擦,承载力降低, 最终发生扩容破坏。

| 0 MPa | 10 MPa | 20 MPa |

(a)花岗岩

图 2-11 硬岩三轴压缩破裂形式(一)

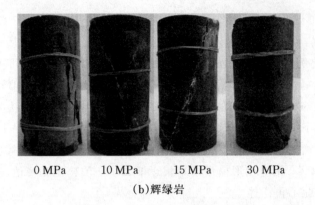

0 MPa   10 MPa   15 MPa   30 MPa

(b)辉绿岩

图2-11　硬岩三轴压缩破裂形式(二)

2.6　小　结

本章通过三轴压缩试验获得了深埋硬岩的压缩变形特征和抗压强度参数,揭示了硬岩压缩破坏规律,为开展三轴蠕变试验奠定了基础。具体结论如下:

(1)硬岩三轴压缩试验过程可分为孔隙压密阶段、弹性变形阶段、屈服阶段、软化阶段和峰后破坏阶段,符合岩石的力学基本性质与规律。

(2)硬岩单轴压缩破坏模式主要以劈裂拉张破坏为主,三轴压缩破坏模式以剪切破坏为主,围压越高,岩石破坏裂隙面的张剪效应越明显。

第3章 深埋硬岩温度加载蠕变试验

3.1 引 言

　　岩石温度蠕变试验是了解岩石在长期温度和荷载作用下蠕变力学特性的重要手段，也是目前最有效的方法。本章通过不同应力和温度状态下花岗岩的室内三轴蠕变试验，重点研究温度影响下的岩石蠕变力学特性。

　　齐热哈塔尔水电站洞区的花岗岩由于受到高温、高压环境的影响，岩体的蠕变特征和破坏特性发生了变化。为了解这一变化，我们开展了洞区花岗岩在不同应力路径和不同温度状态下的三轴蠕变试验。试验采用温度可控的岩石全自动三轴流变伺服仪，对高地温、大埋深条件下的隧洞花岗岩试件进行了不同温度、不同围压条件下的三轴蠕变试验，重点研究了温度、围压、轴压、应力路径对齐热哈塔尔水电站洞区花岗岩轴向蠕变、横向蠕变、体积蠕变、蠕变速率以及对岩石蠕变长期强度和破坏形态的影响。

3.2 试验概况

3.2.1 工程背景

　　齐热哈塔尔水电站位于新疆塔什库尔干河上，电站总装机容量 210 MW，设计最大水头 373.68 m，引水发电隧洞长 15.64 km，洞径 4.7 m，引水流量 78.6 m^3/s。水电站工程所处位置的岩浆活动强烈，侵入岩发育，引水发电隧洞部分洞段存在高地温现象，高地温洞段总长 3345 m，最大埋深 1025 m。围岩岩性为花岗岩，岩体坚硬，片麻理清晰，一般为中粒等粒结构，暗色矿物以黑云母为主，局部含一定数量角闪石。主要结构面与洞线交角大，岩体主要呈次块状结构，完整性好。岩壁平均温度超过 75 ℃，最高揭露温度达到 110 ℃，洞室空气的平均温度都在 50 ℃以上。部分洞段出现了高温高压的气体喷射，气体温度为 160~170 ℃。为了解高地温对洞区内花岗岩力学性能的影响，本章开展了在不同温度和不同应力路径条件下的花岗岩三轴加载蠕变试验。

3.2.2 试验条件

3.2.2.1 试验步骤

(1)准备工作:测量试件尺寸,测定岩样重量,给试件编号。

(2)包装试件:将试件固定在上下铁块之间,套上直径55 mm的热缩套管(长度稍长于岩样)并用热吹风机烘烤,使岩样、铁块和套管达到真空状态;用橡皮圈和铜制管箍锁紧试件上下两端,密封,以防渗油。

(3)装入试件:将包好的试件放入压力室,使试件与压力供应台轴线在一条直线上,避免造成岩石受力分布不均而影响试验结果。同时在压力室内装入温度传感器,压力室外套上加热圈。

(4)加载围压:落下围压室,将压力室充满液压油后,按0.05 MPa/s的加载速率通过螺旋加载系统给试件施加围压至工况设计的围压值。

(5)加载温度:待围压稳定后,设定好加热圈温度和压力室温度(压力室温度即为工况温度),打开加热圈开关。

(6)加载轴压:温度和变形稳定后,按0.2 MPa/s的加载速率施加轴压,变形数据清零后开始记录变形、应力、时间等数据。分级加载均按此速率进行,控制每级荷载时间为50 h左右,直到试样破坏,试验完成。

(7)岩样破坏:取出试件,擦干表面油渍,小心割开塑胶套管,取出岩样,做好标记并保存好。

硬岩温度蠕变试验流程如图3-1所示。

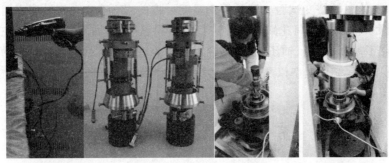

(a)热吹风机烘烤　　(b)包装好的试件　　　(c)装入试件　　(d)安放加热圈

(e)温度加载　　　(f)压力加载,参数设定　　(g)取出试件

图3-1　硬岩温度蠕变试验流程

3.2.2.2　试验工况

为研究不同围压条件下温度变化对硬岩(花岗岩)蠕变力学特性的影响,在围压恒定、分级加轴压至破坏的应力路径条件下,本书设计了3种不同温度(25 ℃、50 ℃、70 ℃)、3种不同围压(10 MPa、20 MPa、30 MPa)共9种工况的温度蠕变试验,具体试验工况如表3-1所示,应力和温度加载方式如图3-2所示。

表3-1　硬岩(花岗岩)温度蠕变试验工况

试验工况	试件编号	具体加载描述	加载偏应力路径/MPa
25 ℃、围压恒定分级加轴压	WD10-1	围压 10 MPa,分级加轴压至破坏	20、40、60、80、100、120、140、160、180
	WD20-1	围压 20 MPa,分级加轴压至破坏	100、120、140、150、160
	WD30-1	围压 30 MPa,分级加轴压至破坏	80、100、120
50 ℃、围压恒定分级加轴压	WD10-2	围压 10 MPa,分级加轴压至破坏	120、140、160、180、200、220、240、260
	WD20-2	围压 20 MPa,分级加轴压至破坏	120、140、160、180、200、220、240
	WD30-2	围压 30 MPa,分级加轴压至破坏	120、140、160、180、200、220
70 ℃、围压恒定分级加轴压	WD10-3	围压 10 MPa,分级加轴压至破坏	160、180、200、220、240、260、280
	WD20-3	围压 20 MPa,分级加轴压至破坏	160、180、200、220、240、260
	WD30-3	围压 30 MPa,分级加轴压至破坏	160、180、200、220、240、260

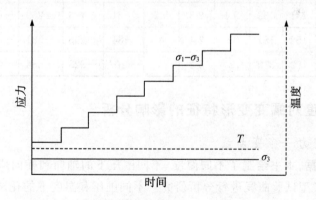

图3-2　花岗岩温度蠕变试验温度和应力示意图

3.3　温度加载蠕变试验结果分析

根据不同温度下的花岗岩三轴蠕变试验,本节开展温度对蠕变力学特性的影响研究,重点分析考虑温度影响时岩石变形、稳态蠕变速率、体积应变、长期强度和破坏模式的变化规律。齐热哈塔尔水电站花岗岩蠕变试验结果如表3-2所示。

表3-2　不同温度、不同围压作用下的花岗岩蠕变试验数据

围压/MPa	偏应力/MPa	轴向蠕变量/$\mu\varepsilon$			轴向平均蠕变速率/($\mu\varepsilon$/h)			横向蠕变量/$\mu\varepsilon$			横向平均蠕变速率/($\mu\varepsilon$/h)		
		25 ℃	50 ℃	70 ℃	25 ℃	50 ℃	70 ℃	25 ℃	50 ℃	70 ℃	25 ℃	50 ℃	70 ℃
10	100	42	82	2320	0.9	1.7	50.5	−92	−443	−4353	−1.9	−9.2	−94.8
	120	50	110	2932	1.1	2.1	259.5	−125	−549	−7352	−2.7	−10.6	−650.7
20	120	20	34	179	0.4	0.7	3.5	−99	−200	−241	−2.1	−4.1	−4.7
	140	41	63	344	0.9	1.3	6.9	−80	−183	−622	−1.8	−3.8	−12.6
	160	41	113	413	0.9	2.3	8.8	−63	−240	−978	−1.4	−5	−20.8
	180	42	200	503	0.9	4.2	10.2	−86	−413	−979	−1.8	−8.8	−19.8
	200	82	512	763	2.1	10.9	15.2	−154	−941	−1363	−3.9	−20	−27.1
30	160	44	92	132	0.8	2	2.4	−52	−126	−128	−0.9	−2.8	−2.4
	180	21	114	109	0.6	2.4	2.8	−53	−158	−158	−1.4	−3.3	−4
	200	29	131	138	0.4	2.3	2.5	−31	−196	−269	−0.4	−3.5	−4.8
	220	52	152	191	0.9	2.4	4	−84	−255	−381	−1.4	−4	−7.9
	240	78	182	319	2	3.2	8	−107	−323	−684	−2.8	−5.7	−17.2

3.3.1　温度对蠕变变形特征的影响分析

3.3.1.1　应力—应变曲线

根据试验数据,本书绘制了不同温度、不同围压下的轴向和横向应变随时间变化的关系曲线,选取典型试验曲线进行分析研究。不同围压和温度下的花岗岩应力—应变曲线如图3-3所示。

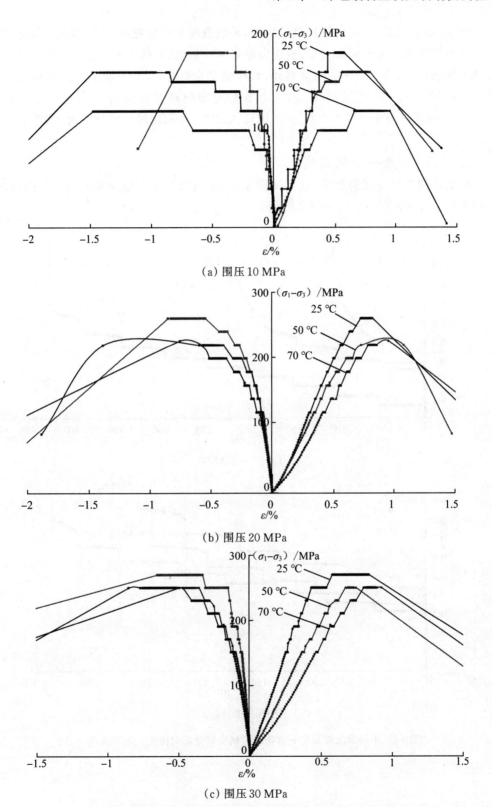

（a）围压 10 MPa

（b）围压 20 MPa

（c）围压 30 MPa

图 3-3　不同围压和温度下的花岗岩蠕变试验应力—应变曲线

由图 3-3 可以看出,在岩样加载过程中,轴向表现为压缩变形,横向表现为膨胀变形;加载初期压缩变形大于膨胀变形,当应力超过某一值时,岩样变形以横向膨胀为主,宏观表现为体积扩容,直至破坏。温度越高,岩样蠕变变形越大,如当围压为 30 MPa、应力水平为 200 MPa 时,岩样在 25 ℃、50 ℃、70 ℃ 的轴向瞬时应变分别为 0.34%、0.45%、0.59%,横向瞬时应变分别为 0.12%、0.19%、0.22%,体积瞬时应变分别为 0.1%、0.07%、0.15%。

3.3.1.2 应变—时间曲线

根据花岗岩蠕变试验结果,绘制不同温度、不同围压下的轴向和横向应变随时间变化的关系曲线,分别如图 3-4 和图 3-5 所示。

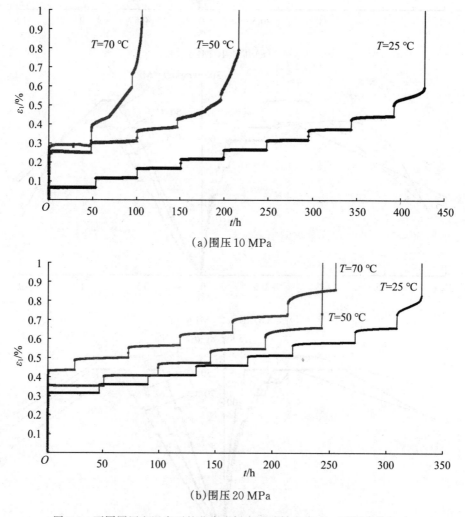

(a)围压 10 MPa

(b)围压 20 MPa

图 3-4 不同围压和温度下的花岗岩蠕变试验轴向应变—时间曲线(一)

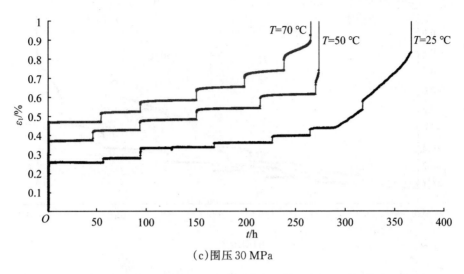

（c）围压 30 MPa

图 3-4　不同围压和温度下的花岗岩蠕变试验轴向应变—时间曲线（二）

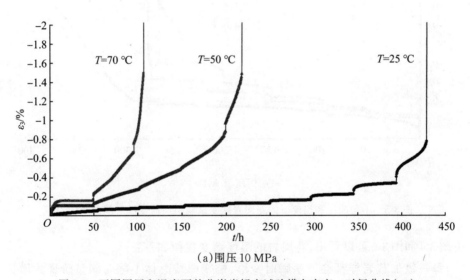

（a）围压 10 MPa

图 3-5　不同围压和温度下的花岗岩蠕变试验横向应变—时间曲线（一）

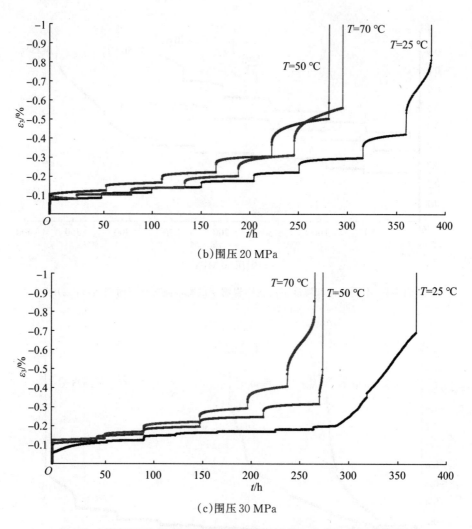

(b)围压 20 MPa

(c)围压 30 MPa

图 3-5 不同围压和温度下的花岗岩蠕变试验横向应变—时间曲线(二)

由图 3-4 和图 3-5 可以看出,花岗岩的温度蠕变规律如下:

(1)每一级加载岩样都会产生瞬时变形,蠕变曲线总体上随时间呈阶梯式增长。温度不同,初始瞬时应变不同,温度越高,初始瞬时应变越大。如在围压 30 MPa 条件下,25 ℃的轴向初始瞬时应变为 0.252%,而 50 ℃和 70 ℃的轴向初始瞬时应变分别为 0.366%和 0.466%,分别增大了 45.2%和 84.9%。

(2)岩样的蠕变变形随着时间增长和应力增加而逐渐增大。当应力水平达到某一阈值时,岩样开始出现明显的蠕变变形。温度越高,发生蠕变现象越早,并且蠕变量越大。如在围压 30 MPa 条件下,25 ℃时的偏应力超过 240 MPa 时岩样才发生明显的蠕变,而50 ℃和 70 ℃的岩样开始发生明显蠕变现象的偏应力为 220 MPa,但该应力水平下的蠕变量分别为 152 με 和 191 με,而常温时该应力水平下的蠕变量仅为 52 με,50 ℃和 70 ℃的蠕变量分别增加 192.3%和 267.3%。显然,在相同应力水平下,温度越高,蠕变量越大。

（3）温度越高，蠕变时长越短，岩石越容易发生破坏。如在围压30 MPa条件下，70 ℃的蠕变破坏持时为267 h，50 ℃的蠕变破坏持时为275 h，25 ℃的蠕变破坏持时为370 h。

（4）整个蠕变过程具有明显的三阶段特征。当应力水平低于蠕变阈值时，花岗岩经历蠕变的第一阶段和第二阶段；当应力水平超过蠕变阈值时，则呈现完整的3个阶段的蠕变特征，但第一阶段和第三阶段的历时较短，第二阶段的历时较长。如在围压30 MPa条件下，当偏应力为220 MPa和240 MPa时，岩样在几个小时内完成蠕变变形，经历减速蠕变阶段；当偏应力为260 MPa时，蠕变平均速率大幅提高，岩石进入非稳定状态，发生减速蠕变后进入等速蠕变阶段，蠕变过程中发生应变突增，蠕变速率增大，但仍处于等速蠕变阶段；当偏应力达到280 MPa时，蠕变平均速率陡增，经历减速蠕变、等速蠕变和加速蠕变，试样发生扩容破坏。

根据蠕变试验结果，计算得出花岗岩在不同温度的蠕变试验中不同应力水平下发生的轴向和横向蠕变量，如表3-3至表3-8所示。其中，50 ℃增长率表示50 ℃相比25 ℃的增长率，70 ℃增长率表示70 ℃相比25 ℃的增长率。

表3-3　不同温度下围压10 MPa时花岗岩轴向蠕变量

偏应力$(\sigma_1-\sigma_3)$/MPa	轴向蠕变量ε_1/με			50 ℃增长率/%	70 ℃增长率/%
	25 ℃	50 ℃	70 ℃		
100	42	82	2320	95	5424
120	50	110	2932	120	5764

表3-4　不同温度下围压20 MPa时花岗岩轴向蠕变量

偏应力$(\sigma_1-\sigma_3)$/MPa	轴向蠕变量ε_1/με			50 ℃增长率/%	70 ℃增长率/%
	25 ℃	50 ℃	70 ℃		
120	20	34	179	70	795
140	41	63	344	54	739
160	41	113	413	176	907
180	42	200	503	376	1098
200	82	512	763	524	830

表3-5　不同温度下围压30 MPa时花岗岩轴向蠕变量

偏应力$(\sigma_1-\sigma_3)$/MPa	轴向蠕变量ε_1/με			50 ℃增长率/%	70 ℃增长率/%
	25 ℃	50 ℃	70 ℃		
160	44	92	132	109	200
180	21	114	109	443	419

偏应力$(\sigma_1-\sigma_3)$/MPa	轴向蠕变量 ε_1/με			50 ℃增长率/%	70 ℃增长率/%
	25 ℃	50 ℃	70 ℃		
200	29	131	138	352	376
220	52	152	191	192	267
240	78	182	319	133	309

表3-6 不同温度下围压10 MPa时花岗岩横向蠕变量

偏应力$(\sigma_1-\sigma_3)$/MPa	横向蠕变量 ε_3/με			50 ℃增长率/%	70 ℃增长率/%
	25 ℃	50 ℃	70 ℃		
100	−92	−443	−4353	382	4632
120	−125	−549	−7352	339	5782

表3-7 不同温度下围压20 MPa时花岗岩横向蠕变量

偏应力$(\sigma_1-\sigma_3)$/MPa	横向蠕变量 ε_3/με			50 ℃增长率/%	70 ℃增长率/%
	25 ℃	50 ℃	70 ℃		
120	−99	−200	−241	102	143
140	−80	−183	−622	129	678
160	−63	−240	−978	281	1452
180	−86	−413	−979	380	1038
200	−154	−941	−1363	511	785

表3-8 不同温度下围压30 MPa时花岗岩横向蠕变量

偏应力$(\sigma_1-\sigma_3)$/MPa	横向蠕变量 ε_3/με			50 ℃增长率/%	70 ℃增长率/%
	25 ℃	50 ℃	70 ℃		
160	−52	−126	−128	142	146
180	−53	−158	−158	198	198
200	−31	−196	−269	532	768
220	−84	−255	−381	204	354
240	−107	−323	−684	202	539

3.3.1.3 应变—温度曲线

根据表3-3至表3-8中的试验数据,绘制轴向和横向蠕变量随温度变化的关系,分别如图3-6和图3-7所示。

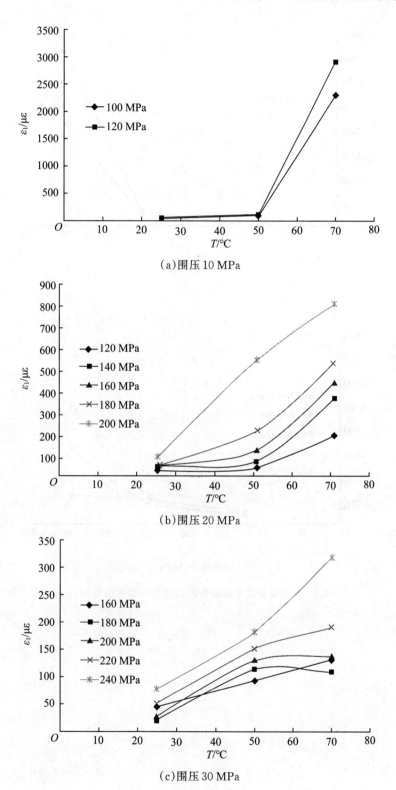

（a）围压 10 MPa

（b）围压 20 MPa

（c）围压 30 MPa

图 3-6　花岗岩蠕变试验轴向蠕变量—温度曲线

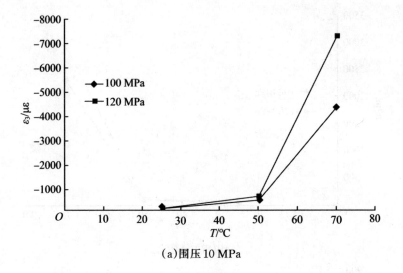

（a）围压 10 MPa

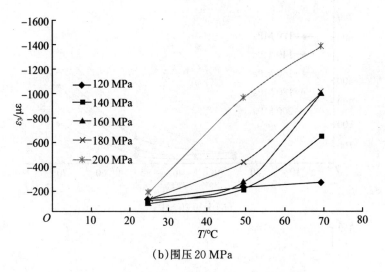

（b）围压 20 MPa

图 3-7　花岗岩蠕变试验横向蠕变量—温度曲线（一）

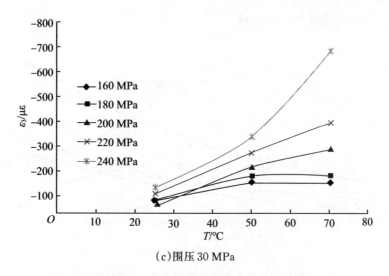

（c）围压 30 MPa

图 3-7　花岗岩蠕变试验横向蠕变量—温度曲线（二）

由表 3-3 至表 3-8、图 3-6 和图 3-7 可以得出以下研究结论：

（1）在围压恒定条件下，温度对岩石蠕变变形有着重要的影响，岩石的轴向和横向蠕变量随着温度的升高而逐渐增大。在相同外载和蠕变时间条件下，温度越高，岩石蠕变变形越大。

从分级轴向蠕变量来看，围压 10 MPa 恒定，50 ℃相比 25 ℃的增长率为 95%～120%，70 ℃相比 25 ℃的增长率为 5424%～5764%。围压 20 MPa 恒定，50 ℃相比 25 ℃的增长率为 54%～524%，70 ℃相比 25 ℃的增长率为 739%～1098%。围压 30 MPa 恒定，50 ℃相比 25 ℃的增长率为 109%～443%，70 ℃相比 25 ℃的增长率为 200%～419%。

从分级横向蠕变量来看，围压 10 MPa 恒定，50 ℃相比 25 ℃的增长率为 339%～382%，70 ℃相比 25 ℃的增长率为 4632%～5782%。围压 20 MPa 恒定，50 ℃相比 25 ℃的增长率为 102%～511%，70 ℃相比 25 ℃的增长率为 143%～1452%。围压 30 MPa 恒定，50 ℃相比 25 ℃的增长率为 142%～532%，70 ℃相比 25 ℃的增长率为 146%～768%。

（2）偏应力较低时，曲线斜率较小，说明围压恒定，岩石轴向、横向蠕变量随温度升高增长较小，温度对蠕变变形的影响较小；偏应力较高时，曲线斜率较大，说明围压恒定，岩石轴向、横向蠕变量随温度升高增长较大，温度对蠕变变形的影响较大。

为进一步了解温度变化和应力水平对花岗岩蠕变变形的影响规律，根据试验结果，绘制岩样不同应力水平下轴向蠕变变形随温度的变化曲线，如图 3-8 所示。

由图 3-8 可以看出：

（1）在相同温度条件下，岩样轴向蠕变量随着应力水平的增加而增大，应力水平越高，蠕变量增幅越大，而高温下的增幅又远远大于常温下的增幅。如温度 25 ℃、围压 30 MPa 加载时，当偏应力为 220 MPa 时，岩样在 50 h 内的轴向蠕变量为 52 με，当偏应力为 240 MPa 时，等时间内轴向蠕变量为 78 με，蠕变量增大了 50%；而温度 70 ℃时，岩样在 220 MPa 应力下 50 h 内轴向蠕变量为 191 με，240 MPa 时蠕变量增至 319 με，增大了

67％,该增幅大于50 ℃时50％的增幅。

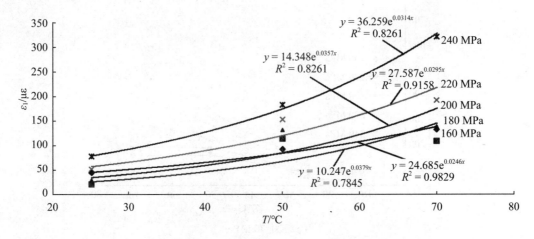

图3-8 不同应力水平下花岗岩轴向蠕变变形随温度的变化曲线

(2)在相同偏应力条件下,轴向蠕变量随着温度的升高而逐渐增大,温度升高对变形的增长有促进作用,温度越高,蠕变量增幅越大,而高应力水平下的增幅又远远大于常温下的增幅。如偏应力为220 MPa时,温度50 ℃时的岩样在50 h内的轴向蠕变量为152 με,温度70 ℃时的轴向蠕变量为191 με,比50 ℃时的蠕变量增大了26％;偏应力为240 MPa时,温度50 ℃时的岩样在50 h内的轴向蠕变量为182 με,温度70 ℃时的轴向蠕变量为319 με,比50 ℃时的蠕变量增大了75％,该增幅远大于220 MPa时26％的增幅。

(3)花岗岩不同应力水平下轴向应变符合时间的指数关系,并且应力水平越高,指数关系越明显。当偏应力水平为240 MPa时,相关系数高达0.9972。这说明,当应力水平较低时,温度变化对岩石轴向蠕变变形影响不明显,而当应力水平较高时,温度变化对岩石轴向蠕变变形影响显著,并且应力水平越高,岩石蠕变变形受温度的影响越大。

由此可见,岩石受力较大时,高温对蠕变变形的促进作用十分显著。所以,对于实际工程中工期较长、负荷较高的深埋岩体,要特别注意高温高压对围岩变形的影响,应及时采取防护和加固措施,确保工程的安全性和稳定性。

3.3.2 温度对体积应变时效特征的影响分析

岩石体积会随着温度、时间和应力的变化发生改变,是岩石力学特征研究的一个十分重要的内容。体积应变ε_v由轴向应变ε_1加上两倍的横向应变ε_3得到,体积应变为正表明岩石压缩,体积应变为负表明岩石膨胀。根据花岗岩蠕变试验结果,绘制不同温度、不同围压条件下体积应变ε_v与时间t的关系曲线(见图3-9)。

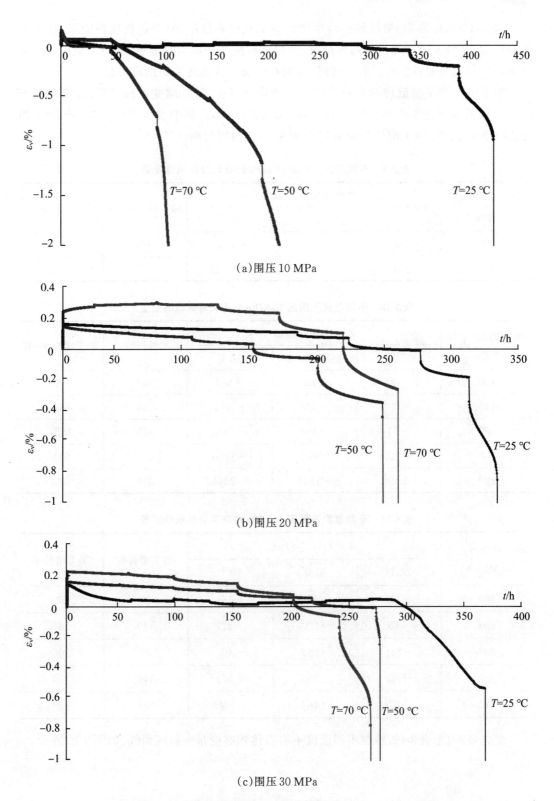

图 3-9　不同围压和温度下花岗岩蠕变试验体积应变—时间曲线

由图3-9可以看出,轴压较小时岩样瞬时加载体积压缩,蠕变过程体积膨胀,总体上体积压缩;当轴向应力超过某临界值时,瞬时体积应变开始负向减小,体积出现扩容。体积出现扩容说明岩石横向变形发展很快,岩石由稳定状态转为不稳定状态。

为了进一步了解温度对岩石体积应变的影响规律,根据蠕变试验结果,计算得到不同应力和温度下的体积蠕变量,如表3-9至表3-11所示。其中,50 ℃增长率表示50 ℃相比25 ℃的增长率,70 ℃增长率表示70 ℃相比25 ℃的增长率。

表3-9   不同温度下围压10 MPa时花岗岩体积蠕变量

偏应力$(\sigma_1-\sigma_3)$/MPa	体积蠕变量 ε_v/$\mu\varepsilon$			50 ℃增长率/%	70 ℃增长率/%
	25 ℃	50 ℃	70 ℃		
100	−87	−813	−6571	834	7453
120	−201	−2125	−11751	957	5746

表3-10   不同温度下围压20 MPa时花岗岩体积蠕变量

偏应力$(\sigma_1-\sigma_3)$/MPa	体积蠕变量 ε_v/$\mu\varepsilon$			50 ℃增长率/%	70 ℃增长率/%
	25 ℃	50 ℃	70 ℃		
120	−177	−435	−661	146	273
140	−119	−302	−900	154	656
160	−89	−368	−1543	313	1634
180	−144	−626	−1456	335	911
200	−226	−1120	−2214	396	880

表3-11   不同温度下围压30 MPa时花岗岩体积蠕变量

偏应力$(\sigma_1-\sigma_3)$/MPa	体积蠕变量 ε_v/$\mu\varepsilon$			50 ℃增长率	70 ℃增长率
	25 ℃	50 ℃	70 ℃		
160	−107	−130	−164	21	53
180	−85	−203	−227	139	167
200	−131	−261	−400	99	205
220	−145	−357	−571	146	294
240	−125	−464	−1049	271	739

根据表3-9至表3-11,绘制不同温度下岩石体积蠕变量—温度曲线,如图3-10所示。

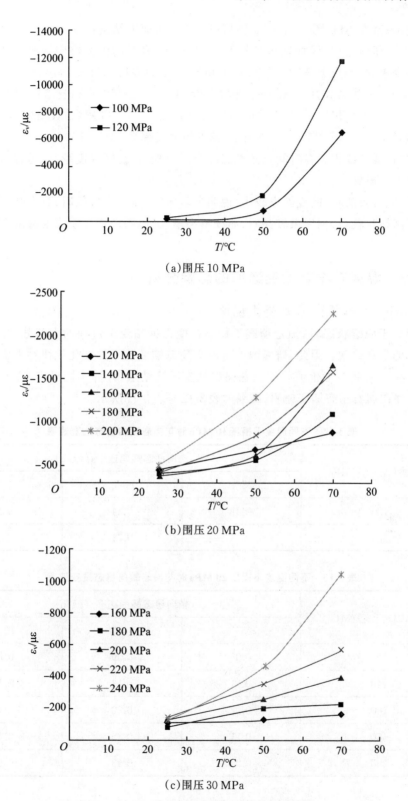

(a)围压 10 MPa

(b)围压 20 MPa

(c)围压 30 MPa

图 3-10　花岗岩蠕变试验体积蠕变量—温度曲线

由表 3-9 至表 3-11、图 3-9 和图 3-10 可以得出以下研究结论:

(1)在围压恒定、分级加轴压条件下,温度升高,岩石的体积蠕变量增大。从分级蠕变体积应变来看,围压 10 MPa 恒定,50 ℃相比 25 ℃的增长率为 834%~957%,70 ℃相比 25 ℃的增长率为 5746%~7453%。围压 20 MPa 恒定,50 ℃相比 25 ℃的增长率为 146%~396%,70 ℃相比 25 ℃的增长率为 273%~1634%。围压 30 MPa 恒定,50 ℃相比 25 ℃的增长率为 21%~271%,70 ℃相比 25 ℃的增长率为 53%~739%。

(2)岩石蠕变体积扩容时间点随着温度升高而提前,说明温度越高,越容易导致岩石出现体积扩容现象。

(3)偏应力较低时,曲线斜率较小,说明围压恒定、偏应力较低时,岩石蠕变体积应变随温度升高增长较小;偏应力较高时,曲线斜率增大,说明蠕变体积应变随温度升高增长较大。

3.3.3　温度对稳态蠕变速率的影响分析

3.3.3.1　稳态蠕变速率变化规律

岩石处于稳定状态时,恒定荷载下稳态蠕变占据蠕变全过程的大部分时间,是岩石稳定状态的宏观体现。因此,研究温度影响下稳态蠕变速率的变化规律对工程的长期稳定具有重要意义和参考价值。根据花岗岩蠕变试验结果,计算不同温度、应力状态下的轴向以及横向岩石稳态蠕变速率,结果如表 3-12 至表 3-17 所示。

表 3-12　不同温度下围压 10 MPa 时花岗岩轴向稳态蠕变速率

偏应力 $(\sigma_1 - \sigma_3)$/MPa	轴向稳态蠕变速率/(με/h)		
	25 ℃	50 ℃	70 ℃
100	0.21	0.34	6.32
120	0.23	0.71	11.26

表 3-13　不同温度下围压 20 MPa 时花岗岩轴向稳态蠕变速率

偏应力 $(\sigma_1 - \sigma_3)$/MPa	轴向稳态蠕变速率/(με/h)		
	25 ℃	50 ℃	70 ℃
120	0.05	0.09	0.18
140	0.11	0.13	0.27
160	0.12	0.22	0.3
180	0.11	0.25	0.36
200	0.23	0.43	0.47

表 3-14 不同温度下围压 30 MPa 时花岗岩轴向稳态蠕变速率

偏应力$(\sigma_1-\sigma_3)$/MPa	轴向稳态蠕变速率/$(\mu\varepsilon/h)$		
	25 ℃	50 ℃	70 ℃
160	0.14	0.27	0.34
180	0.13	0.31	0.31
200	0.17	0.34	0.35
220	0.23	0.34	0.39
240	0.23	0.41	0.63

表 3-15 不同温度下围压 10 MPa 时花岗岩横向稳态蠕变速率

偏应力$(\sigma_1-\sigma_3)$/MPa	轴向稳态蠕变速率/$(\mu\varepsilon/h)$		
	25 ℃	50 ℃	70 ℃
100	−0.21	−1.06	−11.14
120	−0.26	−2.85	−24.68

表 3-16 不同温度下围压 20 MPa 时花岗岩横向稳态蠕变速率

偏应力$(\sigma_1-\sigma_3)$/MPa	轴向稳态蠕变速率/$(\mu\varepsilon/h)$		
	25 ℃	50 ℃	70 ℃
120	−0.08	−0.31	−0.35
140	−0.1	−0.3	−0.44
160	−0.09	−0.42	−0.61
180	−0.11	−0.56	−0.64
200	−0.23	−0.88	−1.04

表 3-17 不同温度下围压 30 MPa 时花岗岩横向稳态蠕变速率

偏应力$(\sigma_1-\sigma_3)$/MPa	轴向稳态蠕变速率/$(\mu\varepsilon/h)$		
	25 ℃	50 ℃	70 ℃
160	−0.04	−0.26	−0.28
180	−0.05	−0.27	−0.31
200	−0.02	−0.27	−0.4
220	−0.07	−0.3	−0.51
240	−0.14	−0.27	−0.63

根据表3-12至表3-17,可以得到不同围压和偏应力条件下轴向和横向稳态蠕变速率随温度变化的关系,分别如图3-11和图3-12所示。

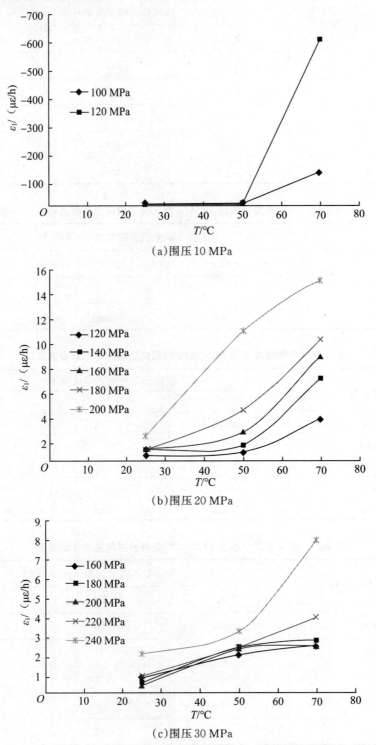

图3-11　不同温度下花岗岩蠕变试验轴向稳态蠕变速率—温度曲线

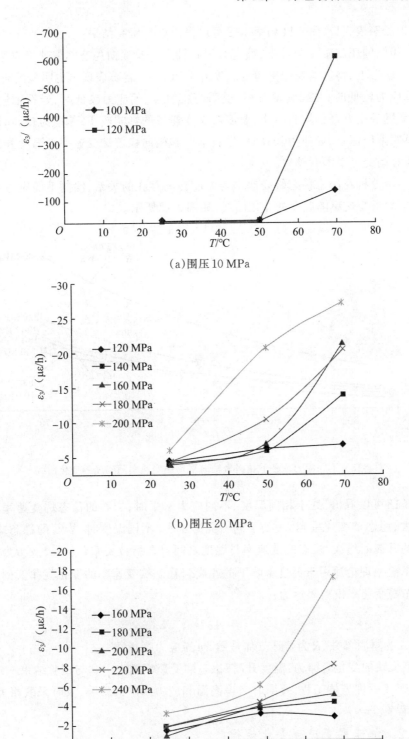

（a）围压 10 MPa

（b）围压 20 MPa

（c）围压 30 MPa

图 3-12　不同温度下花岗岩蠕变试验横向稳态蠕变速率—温度曲线

由表3-12至表3-17、图3-11和图3-12可以得出以下研究结果：

（1）在相同围压和轴压条件下，温度对岩石轴向以及横向稳态蠕变速率有重要影响。在岩石稳定状态下，稳态蠕变速率随着温度升高而变大，岩石表现出更明显的时效特征。

（2）偏应力较低时，曲线斜率较小，说明围压恒定、偏应力较低时，岩石轴向、横向稳态蠕变速率随温度升高的增长较小，温度对蠕变速率的影响较小；偏应力较高时，曲线斜率较大，说明围压恒定、偏应力较高时，岩石轴向和横向稳态蠕变速率随温度升高的增长较大，温度对蠕变速率影响较大。

为进一步分析花岗岩稳态蠕变速率与温度之间存在的关系，绘制不同应力水平下花岗岩轴向平均蠕变速率随温度的变化曲线，如图3-13所示。

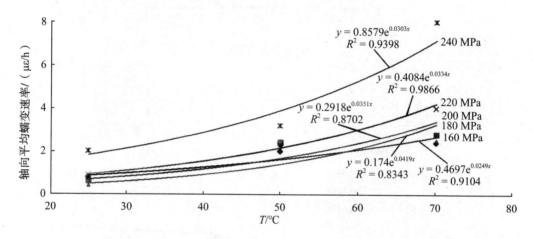

图3-13　不同应力水平下花岗岩轴向平均蠕变速率随温度的变化曲线

由图3-13可以看出：处于相同温度、不同应力水平时，岩石的稳态蠕变速率不同，应力水平越大，稳态蠕变速率越大；处于同一应力水平、不同温度时，岩石的稳态蠕变速率随着温度的升高而增大，稳态蠕变速率与温度之间符合指数关系$\dot{\varepsilon}=\alpha e^{\beta t}$，$\alpha$、$\beta$为常数；稳态蠕变速率模型理论适用于温度影响下的花岗岩稳态蠕变速率的变化规律。例如，常用的卡特稳态蠕变速率模型表达为：

$$\dot{\varepsilon}=A\sigma^{m}e^{-\frac{\varphi}{RT}} \tag{3-1}$$

式中，A为材料参数，R为普适气体常数，m为应力幂指数。

该模型反映的变化规律为：温度升高，稳态蠕变速率增大。这与试验结果一致。

因此，对于深埋岩体工程，要同时考虑高温和应力水平的影响，及时采取相关防护措施，确保工程安全。

3.3.3.2　加速蠕变速率变化规律

在整个蠕变过程中，破坏应力阶段出现完整的3个阶段的蠕变特征，由于岩样破坏前加速蠕变持时较短，真实数据难以捕捉，而加速蠕变特征对于研究岩石蠕变破坏的意义重大，因此，对加速蠕变速率的分析就显得尤为重要，成为越来越多学者的重点研究内容。在围压 30 MPa,温度 25 ℃、50 ℃和 70 ℃时,岩样最后一级破坏应力水平的加速蠕变速率曲线如图 3-14 所示。

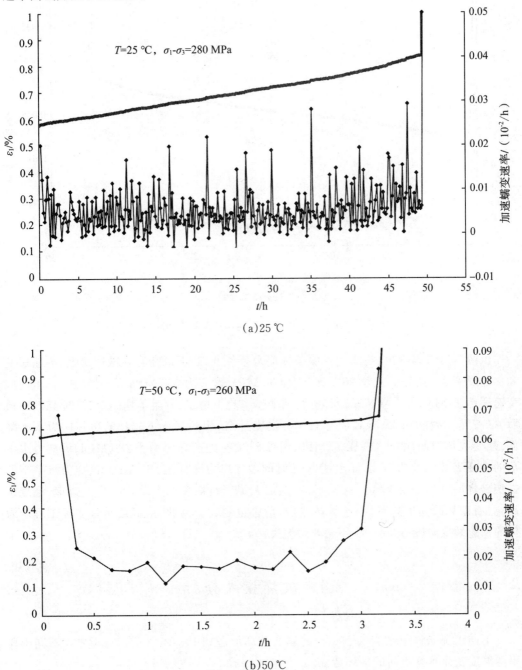

（a）25 ℃

（b）50 ℃

图 3-14　围压 30 MPa 花岗岩加速蠕变速率曲线（一）

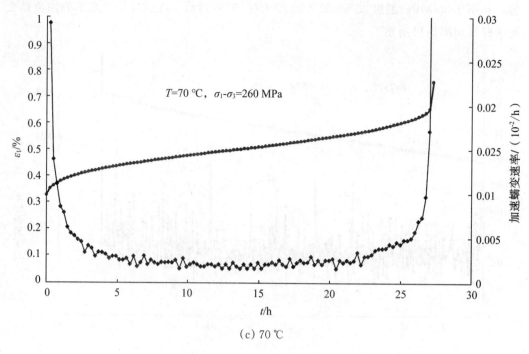

（c）70 ℃

图3-14   围压30 MPa花岗岩加速蠕变速率曲线（二）

由图3-14可以看出,在最后一级破坏应力条件下,岩石蠕变存在减速蠕变、等速蠕变和加速蠕变3个阶段。温度25 ℃时,围压30 MPa、偏应力280 MPa下,岩样在前1 h内蠕变速率迅速下降,发生减速蠕变;之后,蠕变速率趋于稳定,发生等速蠕变,持时48.5 h;最后,蠕变速率瞬间加大,导致岩样破坏。温度升高,相同围压下岩样的破坏应力水平降低,蠕变破坏时间缩短。围压30 MPa,温度25 ℃时的破坏应力为280 MPa,该应力水平下的蠕变破坏时间为50 h,而温度70 ℃时的破坏应力降低至260 MPa,该应力水平下的蠕变破坏时间缩短为27 h。这说明,高温加大了岩石加速蠕变阶段的蠕变速率,温度越高,岩石破坏瞬间加速越大,破坏越剧烈,危害也越大。因此,应高度重视实际工程中岩体的加速蠕变阶段,避免产生不必要的损失。

3.4   破坏模式分析

不同工况条件下硬岩(花岗岩)的蠕变破坏形态如图3-15所示。花岗岩在不同围压下随温度变化具有不同的破坏特征,如表3-18所示。

(a)围压 10 MPa、温度 25 ℃

(b)围压 10 MPa、温度 50 ℃

(c)围压 10 MPa、温度 70 ℃

(d)围压 20 MPa、温度 25 ℃

(e)围压 20 MPa、温度 50 ℃

(f)围压 20 MPa、温度 70 ℃

(g)围压 30 MPa、温度 25 ℃

(h)围压 30 MPa、温度 50 ℃

图 3-15　不同工况条件下硬岩(花岗岩)的蠕变破坏形态(一)

(i)围压 30 MPa、温度 70 ℃

图3-15　不同工况条件下硬岩(花岗岩)的蠕变破坏形态(二)

表3-18　花岗岩在不同围压下随温度变化的破坏特征

围压/MPa	温度/℃	破坏模式	形态特征
10	25	斜向剪切破坏	主裂隙宽度小,有少量次生裂隙,未块状脱落
	50	斜向剪切破坏	主裂隙周围分布少量次生裂隙,未块状分离
	70	共轭剪切和斜向剪切破坏	半X状和斜向贯通裂隙,破坏面不平整,囤积大量岩石碎片
20	25	斜向剪切破坏	主裂隙宽度大,次生裂隙较少,未块状脱落
	50	斜向剪切破坏	分离成两块,破坏面很不平整,次生裂隙较少
	70	共轭剪切破坏	X状贯通裂隙,破坏面极不平整,局部岩块崩离
30	25	斜向剪切破坏	主裂隙宽度大,分布较多次生裂隙,未块状脱落
	50	斜向剪切破坏	表面和破坏面不平整,次生裂隙较多
	70	共轭剪切破坏	分离成三块,破坏面粗糙,囤积大量岩石碎末,次生裂隙多

由图3-15和表3-18可以得出以下研究结果:

(1)在常温状态下,岩样破坏模式为斜向破坏面的剪切破坏,岩石表面出现斜向贯通裂纹,岩样中部膨胀,出现扩容现象,岩石未出现离散碎块,仍较为完整。

(2)在高围压条件下,岩样表面次生裂隙较多,次生裂隙多分布在贯通主裂纹周围,高围压促进岩样内部微裂隙产生、发展和局部摩擦,造成次生裂隙增多。

(3)在高温条件下,花岗岩的破坏模式以剪切破坏为主,但出现了X状共轭剪切破坏,主要破坏模式包括不与中轴线平行的斜破坏面的剪切破坏和X状共轭剪切破坏。

(4)高温对岩石具有软化作用,导致岩石破坏特征差异化。温度越高,试件内部滑移摩擦越剧烈,完整性越差,离散程度越高,破坏面越粗糙,甚至出现碎块崩离,试件几乎失去承载能力。如温度50 ℃、围压20 MPa工况下,岩样呈现斜向剪切滑移破坏,大裂隙深2~3 cm。破裂面将试件一分为二,次生裂隙较少,说明负荷过程中应力分布集中在滑移面上,造成局部岩石破坏崩离,摩擦滑移剧烈。破坏面上存在大量形状不规则的岩石碎片。

可见,花岗岩在高温高压蠕变状态下主要发生沿斜截面的剪切(共轭)破坏,在温度和应力的长期作用下,岩石强度降低。这说明高温对岩石具有软化作用,温度越高,试件内部滑移摩擦越剧烈,破坏时甚至出现碎块崩离,岩样几乎失去承载能力。

3.5　长期强度分析

岩石力学性质存在时间效应,随着加载持续时间不同,破坏应力大小也会改变。在外部恒载作用下,一般认为,时间趋向无穷大时岩石不发生破坏的临界应力为岩石蠕变长期强度。当外部载荷在较低水平时,岩石蠕变变形不会随着时间增长而无限增加,而是呈现逐渐稳定的趋势,岩石仍然是处于稳定状态,那么我们认为岩石蠕变长期强度可以定义为此临界稳定状态下对应的应力值。在衡量永久性或工程稳定性时,岩石的长期强度是一项十分有意义的指标。目前很难精确测得岩石蠕变长期强度,只能测得其近似值。本书这里采用等时应力—应变曲线簇法来确定长期强度,如图 3-16 所示。

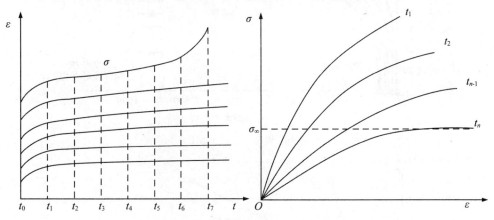

图 3-16　等时应力—应变曲线簇法确定长期强度

本次试验采用分级加载法,其中分级蠕变曲线要根据蠕变全过程曲线并考虑加载历史的影响而计算确定。接下来再根据不同时刻、不同应力计算相应岩石蠕变量,绘制等时应力—应变曲线。这里选取时刻分别为 2 h、10 h、20 h、30 h、40 h、45 h,得到六簇等时应力—应变曲线,曲线上的转折点代表着岩石将进入非稳定阶段,该点对应的应力值可被确定为长期强度,即六簇曲线各自确定的转折点对应的渐近线应力就是岩石蠕变长期强度。这些转折点代表着岩石向塑性阶段转化,岩石内部结构发生恶化,开始发生破坏。根据陈宗基的研究,此转折点被定义为"第三屈服点",其相应的应力值被定义为"第三屈服强度",由此可以得到第三屈服强度与时间的关系曲线。

根据不同工况的岩石轴向蠕变试验结果,计算不同蠕变时刻的蠕变值,绘制等时应力—应变曲线,如图 3-17 所示。

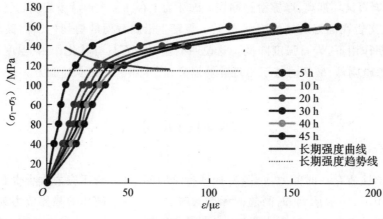

(a)温度 25 ℃、围压 10 MPa

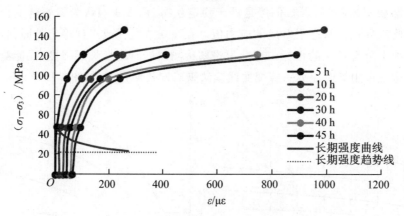

(b)温度 50 ℃、围压 10 MPa

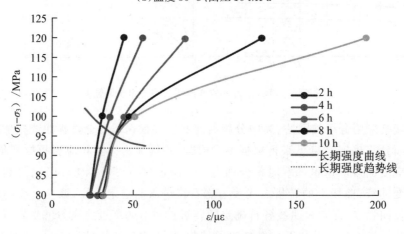

(c)温度 70 ℃、围压 10 MPa

图 3-17　花岗岩蠕变试验等时应力—应变曲线(一)

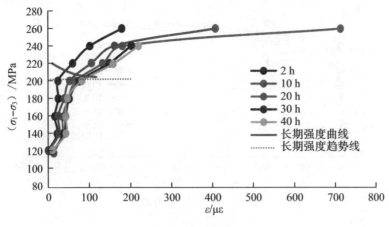

(d)温度 25 ℃、围压 20 MPa

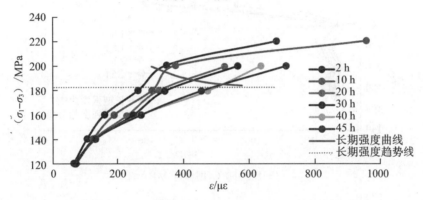

(e)温度 50 ℃、围压 20 MPa

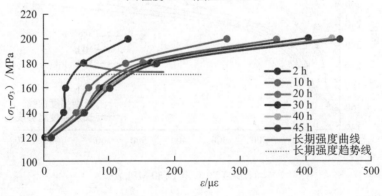

(f)温度 70 ℃、围压 20 MPa

图 3-17 花岗岩蠕变试验等时应力—应变曲线(二)

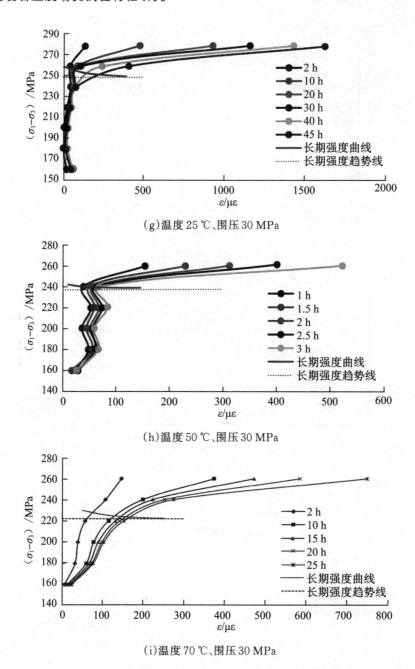

(g)温度 25 ℃、围压 30 MPa

(h)温度 50 ℃、围压 30 MPa

(i)温度 70 ℃、围压 30 MPa

图 3-17　花岗岩蠕变试验等时应力—应变曲线(三)

根据等时应力—应变曲线簇法确定不同工况下岩石蠕变长期强度 σ_s,并与破坏强度相比对,如表 3-19 所示。

表3-19　不同工况下岩石的蠕变破坏强度和长期强度

围压/MPa	温度/℃	蠕变破坏强度/MPa	蠕变长期强度/MPa	蠕变长期强度/蠕变破坏强度
	25	190	124.5	0.66
10	50	170	119.8	0.70
	70	130	102	0.78
	25	280	222.5	0.79
20	50	240	202.5	0.84
	70	240	191	0.80
	25	310	279	0.90
30	50	290	267	0.92
	70	290	252	0.87

由图3-17和表3-19可以得出以下研究结果：

(1)在相同温度条件下,岩石的蠕变破坏强度和蠕变长期强度均随围压增加而增大,长期强度低于其破坏强度,但随着围压的增大,长期强度与破坏强度的比值逐渐增大。如温度70 ℃时,岩石在10 MPa、20 MPa、30 MPa下的长期强度分别为102 MPa、191 MPa、252 MPa,与破坏强度的比值分别为0.78、0.80、0.87。

(2)在相同围压条件下,岩石的蠕变破坏强度和蠕变长期强度均随温度增加而减小,蠕变长期强度低于其破坏强度。如围压10 MPa时,岩石在25 ℃、50 ℃、70 ℃下的蠕变长期强度分别为124.5 MPa、119.8 MPa、102 MPa,而蠕变破坏强度分别为190 MPa、170 MPa、130 MPa,分别减小了65.5 MPa、50.2 MPa、28 MPa。

(3)在不同围压条件下,岩石蠕变长期强度 σ_s 随温度 T 的变化趋势趋于线性。不同围压下花岗岩长期强度—温度(σ_s-T)变化曲线如图3-18所示。

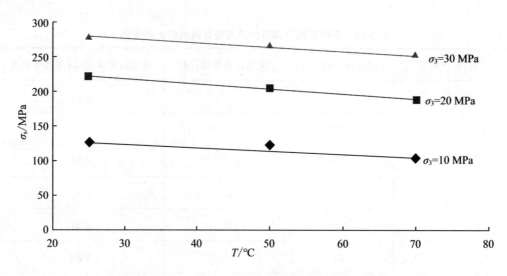

图3-18　不同围压下花岗岩长期强度—温度曲线

根据试验结果,可拟合出如下花岗岩蠕变长期强度 σ_s 随围压和温度 T 变化的经验公式,其相关系数达到0.99:

$$\sigma_s = \sigma_3^{0.7384}(-0.0619T + 24.81) \tag{3-2}$$

3.6　小　结

本章依托齐热哈塔尔水电站引水隧洞工程,对引水隧洞高温段花岗岩进行了不同围压和温度条件下的三轴蠕变试验,分析了温度对花岗岩蠕变变形、蠕变速率的影响,并对长期强度进行了分析。主要研究结论如下:

(1)花岗岩存在蠕变应力阈值,蠕变应力阈值受围压和温度的双重影响,相同温度条件下,围压越高,蠕变应力阈值越高,而在相同围压、不同温度条件下,蠕变应力阈值随着温度的升高逐渐减小。

(2)在超过蠕变应力阈值的中低应力条件下,花岗岩只发生减速蠕变和等速蠕变,而在破坏应力条件下,花岗岩呈现完整的减速蠕变、等速蠕变和加速蠕变3个阶段的特征。减速蠕变和加速蠕变历时短暂,等速蠕变历时较长。

(3)高温加大了岩石的蠕变变形和蠕变速率,导致蠕变变形和蠕变速率均随时间呈指数型非线性变化;温度越高,岩石蠕变变形越大,蠕变速率也越大。

(4)在相同围压条件下,岩石蠕变长期强度随着温度的升高而逐渐减小,而在相同温度条件下,岩石蠕变长期强度则随围压的增加而增大,并且长期强度都低于其蠕变破坏强度,围压越高,岩石蠕变长期强度越接近破坏强度。

(5)高温对岩石具有软化作用,温度越高,试件内部滑移摩擦越剧烈;在高温条件下,岩石主要呈现沿斜截面的剪切(共轭)破坏。

第4章 深埋硬岩温度卸荷蠕变试验

4.1 引 言

近年来,随着很多大型深埋地下工程的兴起以及核废料的储存、高放废物地质处置地下实验室的建造,国内外学者研究了岩石受温度影响的蠕变变形特性。研究发现温度对岩石力学特性的影响较大,深埋岩体的热影响因素不可忽视。但由于岩石高温高压卸荷蠕变试验的复杂性,针对深埋硬岩温度卸荷蠕变特性的研究成果还相对匮乏,对硬岩温度卸荷蠕变特性的研究也还不充分。为此,本章结合工程实际,对水电站深埋花岗岩进行了温度卸荷蠕变试验,分析了花岗岩温度卸荷蠕变特性,研究了温度、围压、轴压对深埋花岗岩卸荷蠕变变形、蠕变强度和蠕变破坏模式的影响,试验结果为研究水电站引水隧洞在高地温条件下的长期稳定性提供了重要的试验依据。

4.2 深埋硬岩高温卸荷蠕变试验

4.2.1 工程背景

齐热哈塔尔水电站引水隧洞总长 15639.86 m,埋深 48~1201 m,洞径 4.7 m,引水流量 78.6 m³/s,电站总装机容量 210 MW,设计最大水头 373.68 m。围岩主要是块状花岗岩类,岩体坚硬。水电站引水发电隧洞工程所处位置岩浆活动强烈,侵入岩发育,部分洞段存在高地温现象,主要集中在桩号 Y7+295~Y10+355 范围内,总长 3345 m,最大埋深 1025 m。洞室空气的平均温度在 50 ℃以上,岩壁平均温度超过 75 ℃,岩壁最高温度达到 119 ℃,开挖卸荷期间出现了高温高压的气体喷射现象,蒸汽温度最高达 170 ℃,洞室围岩出现大量裂隙,岩体变形明显增大。

通过室内试验获取花岗岩的基本力学参数:单轴抗压强度 138.98 MPa,弹性模量 28.83 GPa,泊松比 0.23,内摩擦角 52°,黏聚力 25.15 MPa。花岗岩三轴试验全过程应力一应变曲线如图4-1所示。

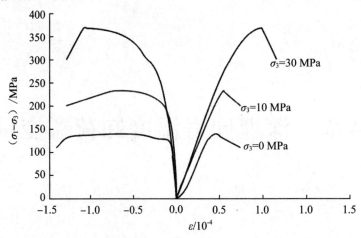

图4-1　花岗岩三轴试验应力—应变曲线

4.2.2　试验方案

根据坝基现场地应力实测资料及常规三轴试验成果,确定好卸荷蠕变试验温度 T 和围压 σ_3。卸荷蠕变试验路径为:保持轴向偏应力 $(\sigma_1-\sigma_3)$ 不变,采用分级卸围压的方式逐级卸荷至试件破坏。具体试验步骤如下:施加温度至设计值 T_0,同时按静水压力条件逐步加载围压至 σ_3,加载速率为 100 N/s,稳定后再以相同的速率施加轴向应力至 σ_1,稳定后清零;保持轴向偏应力 $(\sigma_1-\sigma_3)$ 恒定,分级卸除围压,试件变形趋于稳定后,再重复操作,继续进行下一级卸荷,直至试件发生蠕变破坏。结合背景工程(洞室平均温度50℃),温度卸荷蠕变试验方案如表4-1所示。

表4-1　温度卸荷蠕变试验方案

温度/℃	试验描述	初始围压/MPa	轴向偏应力/MPa	围压/MPa
50	温度恒定,保持轴向偏应力不变,分级卸围压	10	80	10、7.5、5、2.5、0
		20	100	20、15、10、5、2.5、0
		30	120	30、20、15、10、5

4.2.3　高温卸荷蠕变试验结果分析

为了保证试验数据的可靠性,蠕变试验共分9组,每组测试3个试件,每一级蠕变时长均保持在50~80 h,试验结果如表4-2所示。

表4-2 花岗岩温度(50℃)卸荷蠕变试验数据

初始围压/MPa	分级	蠕变量增量/10^{-6}			瞬时应变增量/10^{-6}			蠕变速率/(10^{-6}/h)		
		轴向	横向	体积	轴向	横向	体积	轴向	横向	体积
10	10	27.25	−29.68	−32.10	—	—	—	0.38	0.41	0.45
	7.5	1.74	−43.78	−85.83	0.45	−0.44	−0.42	0.02	0.57	1.12
	5	1.86	−19.74	−37.62	0.13	−0.25	−0.36	0.03	0.30	0.57
	2.5	2.31	−12.12	−21.93	0.19	−0.35	−0.50	0.03	0.17	0.30
	0	9.12	−49.85	−90.57	0.88	−4.14	−7.40	2.07	11.30	20.54
	0(破坏)	—	—	—	67.02	−250.64	−434.26	15.20	56.83	98.47
20	20	29.87	−13.98	1.91	—	—	—	0.65	0.30	−0.04
	15	5.85	−93.80	−181.75	−0.10	−0.79	−1.68	0.03	0.56	1.08
	10	7.76	−50.02	−92.29	0.64	−1.43	−2.22	0.09	0.55	1.02
	5	33.30	−88.93	−144.57	0.47	−1.16	−1.85	0.79	2.10	3.41
	2.5(破坏)	74.44	−271.16	−467.88	29.43	−208.24	−387.04	8.97	32.67	56.37
30	30	37.10	−24.88	−12.66	—	—	—	0.27	0.18	0.09
	20	0.85	−87.59	−174.33	1.56	−100.01	−198.46	0.01	1.21	2.40
	15	9.88	−13.77	−17.67	0.10	−64.24	−128.37	0.10	0.14	0.18
	10	34.64	−105.15	−175.66	3.38	−22.52	−41.66	0.72	2.19	3.65
	5(破坏)	116.33	−334.63	−552.93	3.37	−83.59	−163.81	581.65	1673.16	2764.66

4.2.3.1 高温卸荷蠕变变形特征

（1）应力—应变曲线

根据试验结果绘制的花岗岩温度（50 ℃）卸荷蠕变应力—应变曲线如图4-2所示。

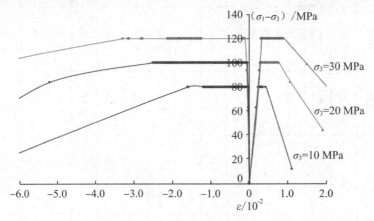

图4-2　花岗岩温度（50 ℃）卸荷蠕变应力—应变曲线

由图4-2可以看出，花岗岩温度（50 ℃）卸荷蠕变伊始，岩样即刻发生变形，轴向发生压缩变形，横向发生膨胀变形；在蠕变初期，岩样的轴向压缩变形大于横向膨胀变形，随着围压的逐级卸载，岩样变形逐渐以横向膨胀为主，宏观表现为体积扩容，直至破坏；50 ℃条件下，初始卸荷围压越高，卸荷过程中岩样蠕变变形越大，发生破坏时，破坏变形也越大。也就是说，初始卸荷围压越大，破坏程度越剧烈，灾害变形也越大。如当温度水平为50 ℃时，岩样在 10 MPa、20 MPa、30 MPa 卸荷蠕变，发生破坏时，轴向应变值（10^{-6}）分别为 110.95、181.66、207.22，横向应变值（10^{-6}）分别为 410.97、729.51、836.38，体积应变值（10^{-6}）分别为 710.99、1277.36、1465.55，花岗岩温度卸荷蠕变破坏应变值如表4-3所示。

表4-3　温度为 50 ℃ 时花岗岩岩样卸荷蠕变破坏应变值

初始围压/MPa	试件破坏时的应变值/10^{-6}			试件破坏时应变与前一级应变的差值/10^{-6}		
	轴向	横向	体积	轴向	横向	体积
10	110.95	410.97	710.99	67.02	—250.64	—434.26
20	181.66	729.51	1277.36	74.44	—271.16	—467.88
30	207.22	836.38	1465.55	116.33	—507.63	—898.93

通过表4-3的试验数据分析可以发现：第一，在 50 ℃ 条件下，岩样在 10 MPa、20 MPa、30 MPa 卸荷蠕变破坏时，其轴向、横向和体积应变值均随着初始围压的增大而增大。第二，在 10 MPa 初始卸荷围压条件下，试件破坏时横向应变值约为轴向应变值的 3.7 倍，体积应变值约为轴向应变值的 6.4 倍；在 20 MPa 初始卸荷围压条件下，该比值分

别为 4.02 和 7.03;在 30 MPa 初始卸荷围压条件下,该比值分别为 4.03 和 7.07。可见,试件破坏时横向应变值约为轴向应变值的 4 倍,体积应变值约为轴向应变值的 7 倍,该比值并未随着初始卸荷围压的增大而明显增大。第三,试件破坏时应变远远大于破坏前一级应变,并且随着初始卸荷围压的增大,试件破坏时应变与前一级应变的差值也逐渐增大,初始卸荷围压为 20 MPa 时,轴向、横向、体积应变差值分别为初始卸荷围压 10 MPa 时差值的 1.11 倍、1.08 倍、1.08 倍,而初始卸荷围压为 30 MPa 时,轴向、横向、体积应变差值分别为初始卸荷围压 20 MPa 时差值的 1.56 倍、1.23 倍、1.18 倍。

(2)应变—时间分级曲线

为更加直观地了解花岗岩温度卸荷蠕变变形规律,根据试验结果绘制花岗岩温度卸荷蠕变轴向应变随时间变化的分级曲线,如图 4-3 所示。

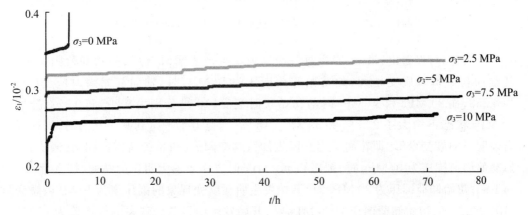

(a)初始卸荷围压 10 MPa

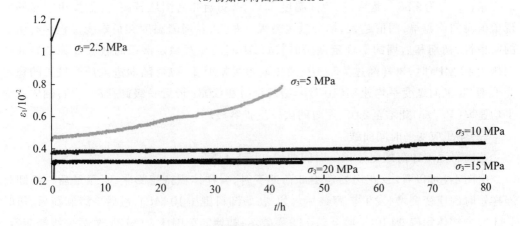

(b)初始卸荷围压 20 MPa

图 4-3　花岗岩温度卸荷蠕变轴向应变随时间变化的分级曲线(一)

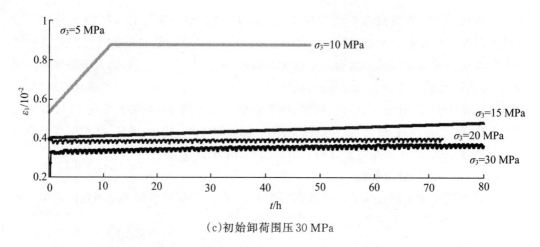

(c)初始卸荷围压30 MPa

图4-3 花岗岩温度卸荷蠕变轴向应变随时间变化的分级曲线(二)

由图4-3可以看出:第一,岩样每一级卸荷都会产生瞬时变形,初始卸荷围压越高,其轴向初始瞬时应变越大,如初始卸荷围压为10 MPa时,轴向初始瞬时应变(10^{-2})为0.238,而20 MPa和30 MPa时的初始瞬时应变(10^{-2})分别为0.295和0.322,分别较10 MPa状态下增大了23.9%和35.3%。第二,当应力水平达到某一状态时,岩样开始出现明显的蠕变变形,即花岗岩存在温度卸荷蠕变阈值,初始卸荷围压越高,阈值越大。如初始卸荷围压为10 MPa时,围压卸至5 MPa时岩样才发生明显的蠕变,蠕变量(10^{-6})为1.86;初始卸荷围压为20 MPa时,开始发生明显蠕变现象的围压值为10 MPa,蠕变量(10^{-6})为7.76;初始卸荷围压为30 MPa时,开始发生明显蠕变现象的围压值为15 MPa,蠕变量(10^{-6})为9.88。显然,在相同温度水平下,初始卸荷围压越高,开始发生明显蠕变现象的时间就越早,阈值越大,蠕变量也越大。第三,花岗岩温度卸荷蠕变过程具有明显的阶段性,初期和后期的不稳定期历时较短,中间的相对稳定期历时较长。如初始卸荷围压为10 MPa时,岩样经过7.5 MPa围压的短暂初期变形后,随即进入历时较长的稳定变形期,其轴向蠕变平均速率(10^{-6}/h)始终维持在0.03;最后一级卸荷时,岩石轴向蠕变平均速率(10^{-6}/h)陡增至2.07,短时间内发生扩容破坏。

(3)体积应变—时间曲线

花岗岩温度卸荷蠕变体积—时间曲线如图4-4所示。

由图4-4可以看出,花岗岩温度卸荷蠕变时,岩样体积持续膨胀,直至最后一级卸荷岩样短时内应变突增,发生扩容破坏。如,初始卸荷围压10 MPa,最后一级卸荷后,历时4.41 h,岩样体积应变(10^{-6})增至710.99而破坏;初始卸荷围压20 MPa,最后一级卸荷后,历时8.3 h,岩样体积应变(10^{-6})增至1277.36而破坏;初始卸荷围压30 MPa,最后一级卸荷后,历时0.2 h,岩样体积应变(10^{-6})增至1465.55而破坏。

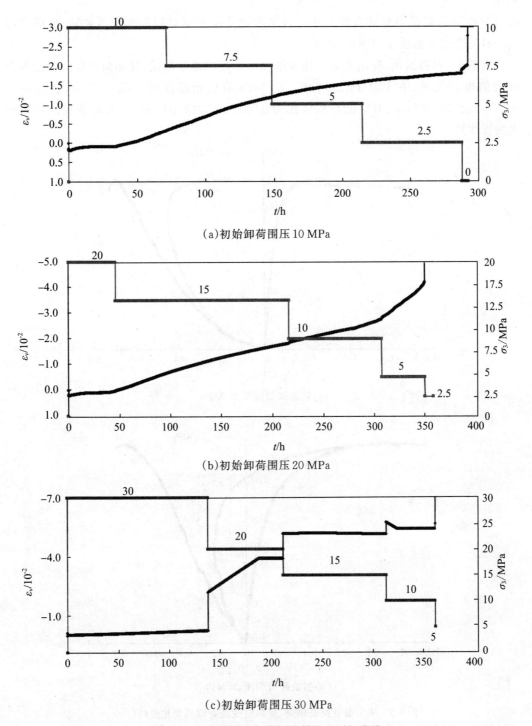

(a)初始卸荷围压10 MPa

(b)初始卸荷围压20 MPa

(c)初始卸荷围压30 MPa

图4-4 花岗岩温度卸荷蠕变体积—时间曲线

(4)轴向、横向应变曲线

根据试验结果,岩样破坏前,岩样会经历较长的相对稳定蠕变期,因而针对相对稳定蠕变期的研究就显得至关重要。花岗岩温度卸荷蠕变相对稳定蠕变期的轴向、横向应变—时间变化关系曲线如图4-5所示。

由图4-5可以看出,花岗岩温度卸荷蠕变相对稳定蠕变期间,其轴向和横向应变符合时间的指数关系,在 10 MPa、20 MPa、30 MPa 的初始卸荷围压条件下,系数分别为 0.2534、0.2937、0.3181,对应的指数依次为 0.0011、0.0013、0.0015,二者均表现出逐渐增大的规律性。

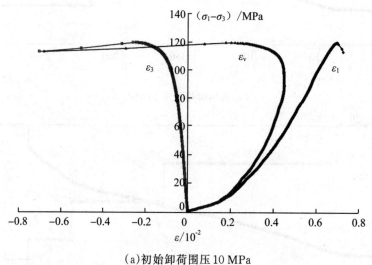

(a)初始卸荷围压 10 MPa

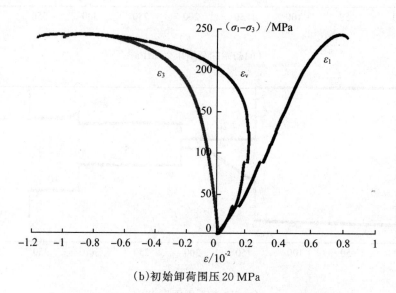

(b)初始卸荷围压 20 MPa

图 4-5　50 ℃时花岗岩轴向、横向应变随时间的变化曲线(一)

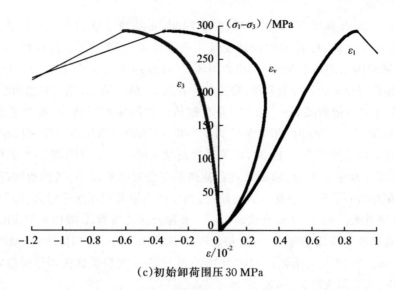

（c）初始卸荷围压30 MPa

图4-5　50 ℃时花岗岩轴向、横向应变随时间的变化曲线（二）

（5）应变—围压曲线

花岗岩温度卸荷蠕变相对稳定蠕变期的轴向应变随卸荷围压的变化曲线如图4-6所示。

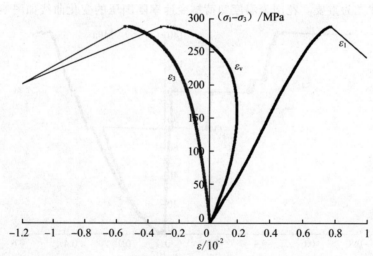

图4-6　50 ℃时花岗岩轴向应变随卸荷围压的变化曲线

由图4-6可以看出：第一，在50 ℃温度条件下，岩样轴向蠕变量随着围压的卸荷而增大，在相同卸荷量条件下，高围压下的蠕变量增量又远远大于低围压下的蠕变量增量。如，初始围压30 MPa卸荷蠕变时，围压由20 MPa卸至15 MPa，岩样在100.7 h内轴向蠕变量（10^{-6}）为9.88，围压由15 MPa卸至10 MPa，岩样在48.1 h内轴向蠕变应变（10^{-6}）为34.64。同样为5 MPa的围压卸荷量，后者的轴向蠕变量却增大了250.6％。初始围压20 MPa卸荷蠕变时，围压由15 MPa卸至10 MPa，岩样在90.6 h内轴向蠕变量（10^{-6}）为

7.76,围压由 10 MPa 卸至 5 MPa,岩样在 42.4 h 内轴向蠕变量(10^{-6})为 33.30。同样为 5 MPa 的围压卸荷量,后者的轴向蠕变量比前者增大了 329.1%。同样由 15 MPa 卸至 10 MPa,相同的围压卸荷量条件下,初始围压 30 MPa 卸荷蠕变量(10^{-6})为 34.64,初始围压 20 MPa 卸荷蠕变量(10^{-6})为 7.76,前者是后者的 4.5 倍。第二,花岗岩轴向蠕变量与卸荷围压符合时间的指数关系 $\varepsilon = ae^{-b\sigma}$,并且初始卸荷围压水平越高,指数关系越明显。如,初始卸荷围压 10 MPa 时,相关系数为 0.7398,初始卸荷围压 20 MPa 时,相关系数为 0.8679,而初始卸荷围压 30 MPa 时,相关系数高达 0.9666。这说明在 50 ℃温度条件下,当初始卸荷围压水平较低时,卸荷对岩石轴向蠕变变形影响较小,当初始卸荷围压水平较高时,卸荷对岩石轴向蠕变变形影响较大,并且初始卸荷围压水平越高,卸荷对岩石蠕变变形的影响越大。第三,从拟合式 $\varepsilon = ae^{-b\sigma}$ 来看,a、b 为常数,a 随初始卸荷围压的增大而增大,并且围压越高增幅越大。如,初始卸荷围压 10 MPa、20 MPa 和 30 MPa 对应的 a 分别为 6.3、65.3 和 1713.6,增幅依次约为 10 倍和 26 倍;b 在较低卸荷围压时稳定在 0.2 左右,在 30 MPa 卸荷围压时为 0.4 左右。

由上述分析可知,岩石蠕变变形受温度、应力以及卸荷路径的影响较大,所以在深埋工程中要及早采取降温措施和安全防护措施。

4.2.3.2 高温卸荷蠕变速率特征

根据试验结果,花岗岩温度卸荷蠕变会经历较长的相对稳定期,因而分析其蠕变速率的变化规律尤为重要。花岗岩温度卸荷蠕变速率随围压的变化曲线如图 4-7 所示。

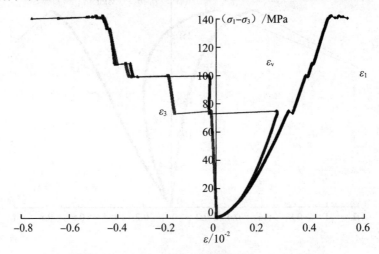

图 4-7 花岗岩轴向蠕变速率随围压的变化曲线

由图 4-7 可以看出,在相同温度、不同卸荷围压条件下,岩石的稳态蠕变速率不同,二者符合指数函数关系 $v = me^{-n\sigma}$。式中,m、n 为常数,二者变化趋势不同:初始卸荷围压越大,m 值越大,n 值越小。

4.2.3.3 高温卸荷蠕变强度特征

从试验结果来看,花岗岩温度卸围压蠕变试验是在一定温度条件下通过减小围压使岩样三轴抗压强度低至岩样的轴向应力而发生破坏,花岗岩温度(50 ℃)卸荷蠕变破坏强度和破坏承载力分别如表 4-4 和表 4-5 所示。

表 4-4　花岗岩温度(50 ℃)卸荷蠕变破坏强度

围压/MPa	试验强度/MPa		百分比/%
	50 ℃卸荷蠕变	25 ℃常规三轴	
10	80	232.2	34
20	100	277.54	36
30	120	366.79	33

由表 4-4 可以看出,初始卸荷围压越大,花岗岩温度卸荷蠕变强度越大,但都小于常规三轴强度,大致为常规三轴强度的 33%～36%。

表 4-5　花岗岩温度(50 ℃)卸荷蠕变破坏承载力

温度/℃	围压/MPa	卸荷蠕变强度/MPa	破坏承载力/MPa	失效应力差/MPa
50	10	80	11.8	68.2
	20	100	43.9	56.1
	30	120	76.39	43.61

由表 4-5 可以看出,花岗岩温度卸荷蠕变破坏后仍然具有一定的承载力,初始卸荷围压越小,破坏后承载力越小,初始卸荷围压越大,破坏后承载力也越大。定义失效应力差为卸荷蠕变强度与破坏承载力的差值,通过表 4-5 的统计数据可以看出,初始卸荷围压越小,失效应力差越大,初始卸荷围压越大,失效应力差则越小。这说明在温度作用下,初始卸荷围压越大,花岗岩卸荷蠕变越容易发生破坏。如,在 50 ℃条件下,初始卸荷围压为30 MPa 时,仅发生 43.61 MPa 的应力变化就导致岩石破坏,而在 10 MPa 初始卸荷围压时,则需要 68.2 MPa 的应力变化才能导致岩石破坏。

将围压 σ_3 及其最大轴向应力 σ_1 进行拟合,得到最大、最小主应力关系式 $y = mx + b(R^2$ 为相关系数)。根据 M-C 准则,求得不同工况下花岗岩的黏聚力和内摩擦角,如表 4-6 所示。

表 4-6　不同工况下花岗岩的黏聚力和内摩擦角

花岗岩	m	b	c	φ	R^2
常规三轴试验	8.47	146.39	25.15	52.07	0.9943
50 ℃卸荷蠕变试验	3.00	60.00	17.32	30.00	1

由表 4-6 计算值可以看出,与常规三轴试验求得的黏聚力 c 和内摩擦角 φ 相比,花岗岩温度(50 ℃)卸荷蠕变的黏聚力和内摩擦角分别减少了 31.1% 和 42.4%。

4.2.4 高温卸荷蠕变破坏机理

4.2.4.1 宏观破坏特征

在不同初始卸荷围压条件下,花岗岩温度卸荷蠕变宏观破坏特征如表4-7所示。

表4-7 花岗岩温度(50℃)卸荷蠕变宏观破坏特征

围压/MPa	破坏模式	破坏岩样	破坏特征
10	共轭及斜向剪切破坏		深"V"形和斜向贯通裂隙,破坏面粗糙,集聚大量岩石碎片,部分岩石碎片剥落,出现衍生裂隙
20	共轭剪切破坏		深"V"形贯通裂隙,破坏面非常粗糙,部分岩石碎片剥落,部分岩石碎块崩离,衍生裂隙明显
30	共轭剪切破坏		斜向和竖向贯通裂隙,岩石分裂成三部分,破坏面极其粗糙,附着大量岩石碎末,岩石碎块脱落,大量衍生裂隙

4.2.4.2 微细观破坏特征

(1)微细观破坏形态分析。为了从微细观结构出发弄清花岗岩温度卸荷蠕变损伤破裂机制,截取岩石温度卸荷蠕变试件的典型破坏断口进行电镜扫描试验。在山东大学材料表征与分析中心进口的SU-70热场发射扫描电镜上进行扫描试验。通过观察试件微裂纹扩展形态、断口形貌特征和破坏形态特征,研究材料内部微缺陷损伤与断口形貌的关系,分析材料微细观温度卸荷蠕变损伤机制,从微细观角度揭示花岗岩温度卸荷蠕变损伤破裂机理。花岗岩温度(50℃)卸荷蠕变微细观破坏特征如表4-8所示。

表4-8 花岗岩温度(50℃)卸荷蠕变微细观特坏表征

围压/MPa	破坏断面	破坏断口扫描	破坏特征
10			破坏断面呈现明显的阶梯状张剪撕裂痕迹,破坏表面附着大量粉末状的细小颗粒
20			破坏断面出现明显的损伤裂隙并形成裂隙面,同时裂隙面上伴生大量龟裂微裂隙,裂隙周边附着大量微颗粒

由表4-8可以看出,花岗岩在50℃卸荷蠕变时,发生剪切破坏,出现明显的贯通裂隙和剪切破坏面。这是因为温度卸荷作用促使岩石内部产生拉剪作用力,损伤裂隙在张拉作用下逐渐发育,最终相互贯通形成裂隙面,从而发生宏观破坏。

(2)谱图分析。为分析花岗岩内部裂隙产生及发生断裂的原因,分别对扫描断面选取不同的点位进行谱图分析。分别在初始卸荷围压10 MPa破坏断面较为破碎处选取点S1、在较为平整处选取点S2进行谱图分析,在初始卸荷围压20 MPa破坏断面较为破碎处选取点S3、在较为平整处选取点S4进行谱图分析,取点位置如图4-8所示。

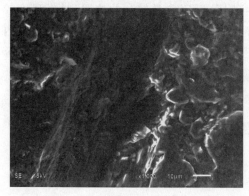
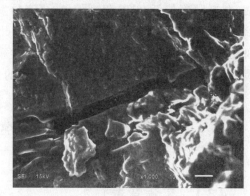

(a)10 MPa　　　　　　　　　(b)20 MPa

图4-8 破坏断面取点位置

分别对岩样破坏断面的S1、S2、S3和S4点进行元素成分分析,结果如表4-9所示。

表4-9 岩样破坏断面元素成分

位置	C	O	Si	Al	Na	Zr	K
S1	40.34	40.25	10.67	6.47	0.00	0.00	2.27
S2	0.00	54.47	28.34	8.29	8.90	0.00	0.00
S3	38.22	42.03	11.65	4.01	4.09	0.00	0.00
S4	10.99	58.19	17.07	5.66	6.35	1.75	0.00

为便于直观观察,根据表4-9中的数据绘制岩样破坏断面元素分布图,如图4-9所示。

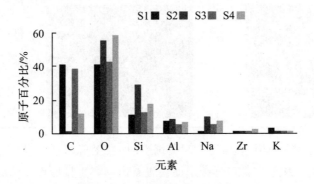

图4-9 岩样破坏断面元素分布图

由表4-9和图4-9可知,花岗岩由多种矿物成分组成,破坏断面较为破碎处的点S1和S3的元素分布相似,C、O元素含量较高,颗粒呈现碎屑状;而破坏断面较为平整处的点S2和S4的元素分布相似,O、Si元素含量较高,颗粒呈现鳞片状。这说明C含量较高的位置,材料强度较低,结晶程度较差,更容易发生破坏,而Si含量较高的位置,材料强度较高,结晶程度较好,抵抗破坏的能力较强。因而,花岗岩在温度卸荷蠕变作用下,岩石内部结晶程度较差的矿物颗粒部位极易发生破裂而出现初始裂纹,这些薄弱位置也是最容易发生裂纹扩展的部位,直接影响了岩石的长期强度。

4.3 深埋硬岩常温卸荷蠕变试验

4.3.1 工程背景

试验所用的花岗岩岩样取自孟底沟水电站坝基,岩质坚硬密实,属坚硬的脆性岩石,主体部分为黑云母花岗岩,也有花岗闪长岩、石英二长岩及二长岩等。岩石均呈浅灰色、灰色,块状构造,具中细粒花岗结构,主要矿物组分为石英、钾长石、斜长石、黑云母和角闪石,副矿物组成包括榍石、磷灰石、锆石、Fe-Ti氧化物等。基于实际工程背景,本书对花岗岩进行了不同应力路径下的三轴卸荷蠕变试验,并基于试验结果,分析探讨复杂应力状态下硬岩的卸荷蠕变力学特性与破裂机制。

4.3.2　试验方法

试验研究中,σ_1表示轴向应力,σ_3表示围压,$(\sigma_1-\sigma_3)$表示轴向偏应力,$\Delta\sigma$表示试验仪器施加的作用力,对于同一试件而言,$\Delta\sigma=\dfrac{P}{S}$,$P$为外荷载,$S$为截面积。根据定义,$\sigma_1=(\sigma_1-\sigma_3)+\sigma_3=\Delta\sigma+\sigma_3$,即$\sigma_1=\dfrac{P}{S}+\sigma_3$。若保持$\sigma_1$不变,降低围压$\sigma_3$,需增大外荷载$P$,即$\bar{\sigma_1}=\dfrac{P^\uparrow}{S}+\sigma_3^\downarrow$;若保持$(\sigma_1-\sigma_3)$不变,降低围压$\sigma_3$,需保持外荷载$P$不变,减少总应力$\sigma_1$,即$\sigma_1^\downarrow=\dfrac{P}{S}+\sigma_3^\downarrow$。

根据现有研究成果,制定两种卸荷路径。

路径1:保持σ_1恒定、逐级卸除围压σ_3——模拟深埋隧洞开挖卸荷过程轴向应力σ_1恒定、围压σ_3不断降低的过程。

路径2:保持$(\sigma_1-\sigma_3)$恒定、逐级卸除围压σ_3——模拟深埋隧洞开挖卸荷过程轴向偏应力$(\sigma_1-\sigma_3)$恒定、围压σ_3不断降低的过程。

从本质上说,路径1是改变主应力差的卸围压试验,而路径2是保持主应力差不变的卸围压试验。卸荷路径如图4-10所示。

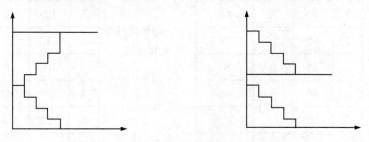

图4-10　卸荷路径示意图

由硬岩的常规三轴试验可知,硬岩的峰值强度较高,承载能力较大,结合深埋隧洞地应力较高的工程实际,在制定卸荷蠕变试验方案时,考虑较大的初始围压和较高的轴向应力水平,按照两种不同的应力路径,分两组进行卸荷蠕变试验。每一组试验都分别进行了初始围压为10 MPa、20 MPa、30 MPa和40 MPa的卸荷蠕变试验,并施加了较高的轴向应力水平(一般为峰值强度的40%~50%)。由于硬岩强度大,蠕变变形对时间的依赖性较强,为了观察到较为明显的蠕变变形,应当设计较为合理的蠕变时长。所以为了确保在每一级卸荷的蠕变时长内都能观察到硬岩的相对稳定状态,参照相关研究成果,设定每一级卸荷蠕变时长为50~70 h(具体时间以试验观察值达到稳定为准)。同时,为了满足卸荷蠕变的精度要求,根据围压的不同,一般设定5~8级的卸荷步。每个初始围压至少做2个试样,这样便于在岩样之间形成比对,保证试验数据的稳定性和准确性。

完整岩样的花岗岩卸荷蠕变试验方案如表4-10所示。

表4-10 花岗岩卸荷蠕变试验方案

方案1	分级	应力水平			方案2	分级	应力水平		
		σ_1/MPa	σ_3/MPa	$(\sigma_1-\sigma_3)$/MPa			σ_1/MPa	σ_3/MPa	$(\sigma_1-\sigma_3)$/MPa
	1	90	10	80		1	90	10	80
	2	90	7.5	82.5		2	87.5	7.5	80
	3	90	5	85		3	85	5	80
	4	90	2.5	87.5		4	82.5	2.5	80
	1	85	20	65		5	80	0	80
	2	85	15	70		1	105	20	85
	3	85	10	75		2	95	10	85
	4	85	5	80		3	90	5	85
	5	85	2.5	82.5		4	87.5	2.5	85
	6	85	0	85		5	85	0	85
σ_1恒定分级卸荷围压	1	90	30	60	$(\sigma_1-\sigma_3)$恒定分级荷卸围压	1	120	30	90
	2	90	20	70		2	110	20	90
	3	90	10	80		3	100	10	90
	4	90	5	85		4	95	5	90
	5	90	2.5	87.5		5	92.5	2.5	90
	6	90	0	90		6	90	0	90
	1	80	40	40		1	120	40	80
	2	80	30	50		2	110	30	80
	3	80	20	60		3	100	20	80
	4	80	10	70		4	90	10	80
	5	80	5	75		5	85	5	80
	6	80	2.5	77.5		6	82.5	2.5	80
	7	80	0	80		7	80	0	80

花岗岩常温卸荷蠕变试验结果如表4-11所示。

表4-11 花岗岩常温卸荷蠕变试验结果

卸荷方案	应力水平				蠕变量增量/$\mu\varepsilon$			瞬时应变增量/$\mu\varepsilon$			平均蠕变速率/$(10^{-6}/h)$			蠕变时长/h
	分级	$\sigma_1/$MPa	$\sigma_3/$MPa	$(\sigma_1-\sigma_3)/$MPa	$\Delta\varepsilon_1$	$\Delta\varepsilon_3$	$\Delta\varepsilon_v$	$\Delta\varepsilon_1$	$\Delta\varepsilon_3$	$\Delta\varepsilon_v$	轴向	横向	体积	
	1	90	10	80	337.76	−430.37	−522.97	—	—	—	13.73	17.50	21.27	24.6
	2	90	7.5	82.5	156.88	−590.94	−1025.00	108.00	−245.47	−382.94	2.13	8.03	13.92	73.6
	3	90	5	85	269.28	−1179.67	−2090.07	155.12	−513.14	−871.17	3.88	16.98	30.09	69.5
	4	90	2.5	87.5	589.52	−2482.69	−4375.87	393.12	−1951.18	−3509.25	1177.86	4960.43	8742.99	0.5
								6800.16	−12104.98	−17409.80				
σ_1恒定分级卸荷围压	1	85	20	65	85.84	140.16	366.16	—	—	—	2.92	4.77	12.47	29.4
	2	85	15	70	46.40	−23.36	−0.32	155.44	−134.08	−2.72	0.97	0.49	0.01	47.9
	3	85	10	75	124.64	−192.00	−259.36	98.56	−102.24	−105.92	2.75	4.23	5.72	45.4
	4	85	5	80	116.56	−248.00	−379.44	150.80	−252.24	−353.68	2.31	4.92	7.52	50.5
	5	85	2.5	82.5	261.52	−1488.16	−2714.80	116.00	−202.32	−288.64	5.43	30.87	56.32	48.2
	6	85	0	85	—	—	—	552.08	−2188.80	−3825.52	—	—	—	0.1
								8695.76	−20880.32	−33064.88				
σ_1分级卸荷围压	1	90	30	60	59.76	−32.72	−5.68	—	—	—	2.07	1.13	0.20	28.9
	2	90	20	70	39.44	−191.52	−343.60	204.08	−253.60	−303.12	0.79	3.86	6.92	49.6
	3	90	10	80	65.52	−312.96	−560.40	262.16	−409.12	−556.08	1.42	6.79	12.15	46.1

续表

卸荷方案	分级	应力水平			蠕变量增量/με			瞬时应变增量/με			平均蠕变速率/$(10^{-6}/h)$			蠕变时长/h
		σ_1/MPa	σ_3/MPa	$(\sigma_1-\sigma_3)$/MPa	$\Delta\varepsilon_1$	$\Delta\varepsilon_3$	$\Delta\varepsilon_v$	$\Delta\varepsilon_1$	$\Delta\varepsilon_3$	$\Delta\varepsilon_v$	轴向	横向	体积	
	4	90	5	85	74.24	−424.56	−774.88	99.68	−320.88	−542.08	1.82	10.43	19.04	40.7
	5	90	2.5	87.5	303.84	−2370.40	−4436.96	85.28	−289.12	−492.96	5.51	43.00	80.49	55.1
	6	90	0	90	—	—	—	581.68	−3106.96	−5632.24	—	—	—	0.1
								1283.36	−8585.68	−15888.00				
σ_1恒定分级卸荷围压	1	80	40	40	10.40	−47.28	−84.16	—	—	—	0.35	1.60	2.86	29.5
	2	80	30	50	7.12	−138.08	−283.28	270.88	−189.20	−107.52	0.07	1.45	2.97	95.2
	3	80	20	60	166.72	−193.36	−220.00	176.64	−146.48	−116.32	2.27	2.63	3.00	73.4
	4	80	10	70	72.40	−210.48	−348.56	218.80	−331.52	−444.24	1.06	3.07	5.09	68.5
	5	80	5	75	346.56	−1274.80	−2203.04	212.24	−424.80	−637.36	4.78	17.57	30.36	72.6
	6	80	2.5	77.5	330.64	−2342.96	−4355.28	184.88	−729.92	−1274.96	4.69	33.21	61.73	70.6
	7	80	0	80	—	—	—	679.04	−4346.56	−6614.08	—	—	—	0.1
								46958.64	−67529.28	−88099.92				
$(\sigma_1-\sigma_3)$恒定分级卸荷围压	1	90	10	80	273.12	−181.24	−89.36	—	—	—	6.43	4.26	2.10	42.5
	2	87.5	7.5	80	211.68	−294.16	−376.64	117.44	−100.08	−82.72	2.82	3.91	5.01	75.2
	3	85	5	80	240.16	−464.96	−689.76	140.48	−178.72	−216.96	3.51	6.80	10.09	68.3

续表

卸荷方案	分级	σ₃/MPa	σ₃/MPa	(σ₁−σ₃)/MPa	蠕变量增量/με			瞬时应变增量/με			平均蠕变速率/(10⁻⁶/h)			蠕变时长/h
		$\sigma_1/$MPa	$\sigma_3/$MPa	$(\sigma_1-\sigma_3)/$MPa	$\Delta\varepsilon_1$	$\Delta\varepsilon_3$	$\Delta\varepsilon_v$	$\Delta\varepsilon_1$	$\Delta\varepsilon_3$	$\Delta\varepsilon_v$	轴向	横向	体积	
	4	82.5	2.5	80	524.32	−1846.88	−3169.44	159.04	−485.44	−811.84	7.30	25.71	44.12	71.8
	5	80	0	80	—	—	—	1011.36	−4300.88	−7590.40	—	—	—	
	1	105	20	85	41.12	64.96	171.04	—	—	—	1.05	1.65	4.35	39.3
	2	100	15	85	29.60	−41.12	−111.84	67.28	−124.24	−181.20	0.58	0.81	2.20	50.8
	3	95	10	85	20.80	−337.12	−695.04	20.88	−106.88	−234.64	0.44	7.17	14.79	47.0
	4	90	5	85	12.24	−689.60	−1366.96	13.92	−99.92	−213.76	0.17	9.55	18.94	72.2
	5	87.5	2.5	85	51.60	−328.72	−605.84	1.68	−15.92	−30.16	1.05	6.71	12.36	49.0
	6	85	0	85	379.68	−3142.96	−5906.24	20.32	−232.48	−444.64	84.36	698.34	1312.32	4.5
								9610.96	−51091.28	−92571.60				
$(\sigma_1-\sigma_3)$恒定分级卸荷围压	1	120	30	90	84.16	24.80	133.76	—	—	—	3.79	1.12	6.03	22.2
	2	110	20	90	83.52	−121.44	−159.36	113.68	−221.92	−330.16	1.69	2.45	3.22	49.5
	3	100	10	90	91.68	−108.40	−125.12	49.36	−154.16	−357.68	1.76	2.08	2.40	52.2
	4	95	5	90	134.00	−227.04	−320.08	10.40	−174.24	−338.08	2.97	5.03	7.09	45.2
	5	92.5	2.5	90	218.64	−739.44	−1260.24	115.44	−242.96	−370.48	4.24	14.36	24.47	51.5
	6	90	0	90	—	—	—	8326.80	−61032.16	113737.53	—	—	—	

续表

卸荷方案	分级	应力水平			蠕变量增量/με			瞬时应变增量/με			平均蠕变速率/(10⁻⁶/h)			蠕变时长/h
		σ_1/MPa	σ_3/MPa	$(\sigma_1-\sigma_3)$/MPa	$\Delta\varepsilon_1$	$\Delta\varepsilon_3$	$\Delta\varepsilon_v$	$\Delta\varepsilon_1$	$\Delta\varepsilon_3$	$\Delta\varepsilon_v$	轴向	横向	体积	
$(\sigma_1-\sigma_3)$恒定分级卸荷围压	1	120	40	80	66.88	13.84	94.56	—	—	—	1.35	0.28	1.91	49.5
	2	110	30	80	47.68	−10.48	26.72	125.60	−170.72	−215.84	0.73	0.16	0.41	65.6
	3	100	20	80	29.60	−34.32	−39.04	50.96	−153.12	−357.20	0.59	0.68	0.78	50.4
	4	90	10	80	84.96	−223.04	−361.12	44.96	−257.76	−560.48	1.77	4.65	7.53	48.0
	5	85	5	80	130.48	−604.64	−1078.80	17.04	−294.64	−572.24	2.92	13.53	24.13	44.7
	6	82.5	2.5	80	263.76	−1825.20	−3386.64	147.52	−630.56	−1113.60	4.73	32.72	60.70	55.8
	7	80	0	80	—	—	—	6299.60	−34238.08	−62176.56	—	—	—	

4.3.3　常温卸荷蠕变试验结果分析

4.3.3.1　卸荷蠕变变形特征

花岗岩卸荷蠕变应力—应变曲线如图4-11所示。

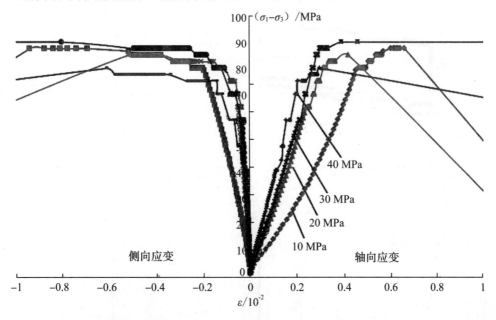

图4-11　花岗岩卸荷蠕变应力—应变曲线

由图4-11可以看出,常温下花岗岩的卸荷蠕变对应力—应变曲线的影响规律同温度卸荷蠕变条件下的规律是一致的,轴向表现为压缩变形,横向表现为膨胀变形,体积表现为扩容。这说明在卸除围压的过程中,由于岩样横向部分失去约束,在偏应力作用下,岩样表面产生平行于轴向的张裂纹,张裂纹造成岩样表面应力释放并进行内部的调整转移,进而裂纹也随之发展,岩样在宏观上表现为横向扩容。而这又与常规三轴试验有所不同,主要是因为在卸荷围压条件下,相当于沿轴向应力方向施加了一个拉应力,岩样在轴向应力方向易产生张性损伤裂纹,当损伤累积到一定程度时,裂纹贯通,岩样宏观表现就是出现显著的蠕变变形。花岗岩轴向、横向和体积卸荷蠕变曲线如图4-12所示。

由图4-12可知:第一,花岗岩在卸荷蠕变作用下,轴向应变随应力水平的变化呈梯级增长,越临近破坏,增长速率越快,变形越大,破坏瞬间发生较大的压缩变形。值得注意的是,在不同的初始卸荷围压条件下,其轴向应变都对应一个相对稳定的量级,并且围压越小,该量级值越大。在卸荷蠕变条件下,岩样都是在该量级的基础上逐级发生蠕变变形,直到破坏时才产生很大的突变变形,破坏应变远远大于蠕变应变。第二,横向变形较轴向更为明显,越接近破坏,横向变形越明显,最终岩样因扩容破裂而失去承载力,这表明岩样破坏主要由扩容破坏导致。第三,在卸荷蠕变作用下,体积应变都经历一个从压缩到膨胀的过程。岩样一经卸荷就开始发生体积扩容,最终发生扩容破坏。第四,虽然卸荷蠕变压缩变形持时较长,但是扩容一旦发生,短时内发生的扩容量远远大于压缩量。在蠕变变形中,扩容占蠕变变形的主要部分,岩样在卸荷作用下发生体积扩容破坏。

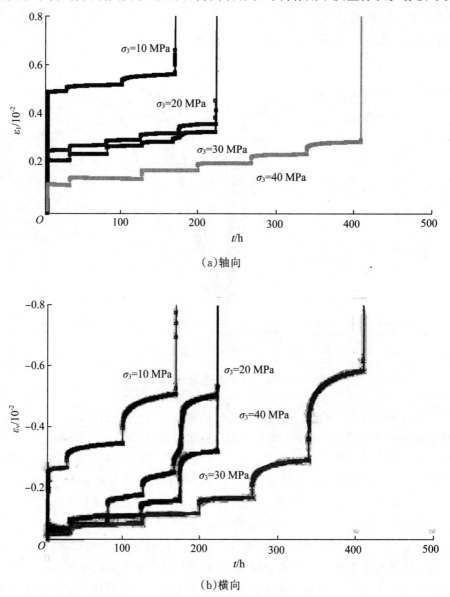

（a）轴向

（b）横向

图4-12　不同卸荷围压下花岗岩卸荷蠕变曲线(一)

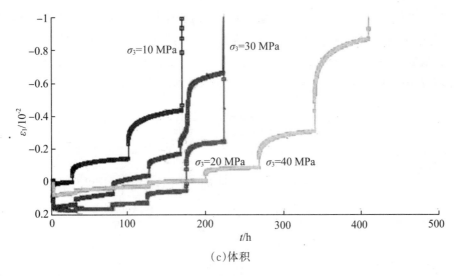

（c）体积

图4-12 不同卸荷围压下花岗岩卸荷蠕变曲线（二）

4.3.3.2 卸荷蠕变稳态蠕变速率特性

表4-12列出了花岗岩轴向在不同初始卸荷围压条件下的轴向偏应力与轴向稳态蠕变速率，图4-13为花岗岩轴向稳态蠕变速率与偏应力关系曲线。

表4-12 花岗岩卸荷蠕变稳态蠕变速率

初始卸荷围压水平							
40 MPa		30 MPa		20 MPa		10 MPa	
偏应力/ MPa	轴向稳态蠕变速率/ (10^{-4}/h)	偏应力/ MPa	轴向稳态蠕变速率/ (10^{-4}/h)	偏应力/ MPa	轴向稳态蠕变速率/ (10^{-4}/h)	偏应力/ MPa	轴向稳态蠕变速率/ (10^{-4}/h)
50	0.17	70	0.24	65	0.35	80	0.19
60	0.27	80	0.35	70	0.58	82.5	0.37
70	0.33	85	0.46	75	0.80	85	0.93
75	0.38	87.5	0.70	80	1.04	—	—
77.5	0.49	—	—	—	—	—	—

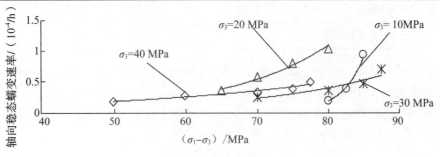

图4-13 花岗岩轴向稳态蠕变速率与偏应力关系曲线

由图 4-13 可以看出:岩石的稳态蠕变速率与初始卸荷围压水平有关,初始卸荷围压越大,卸荷稳态蠕变速率越小;在相同卸荷条件下,岩石稳态蠕变速率与轴向偏应力之间符合指数函数关系,可表示为 $\varepsilon = \alpha e^{\beta\sigma}$。其中,$\alpha$、$\beta$ 为大于 0 的材料参数,如表 4-13 所示。显然,α 随着初始卸荷围压的增大而增大,β 则随着初始卸荷围压的增大而减小。

表 4-13　硬岩稳态蠕变速率关系式

围压 σ_3/MPa	偏应力 $(\sigma_1-\sigma_3)$/MPa	α	β	稳态蠕变速率与偏应力关系式
10	80	1.00×10^{-12}	0.3218	$\varepsilon(10)=1.00\times10^{12}e^{0.3218\sigma}, R^2=0.9936$
20	65	0.0036	0.0716	$\varepsilon(20)=0.0036e^{0.0716\sigma}, R^2=0.9790$
30	60	0.0045	0.0559	$\varepsilon(30)=0.0045e^{0.0559\sigma}, R^2=0.9091$
40	40	0.031	0.0346	$\varepsilon(40)=0.031e^{0.0346\sigma}, R^2=0.9591$

4.3.3.3　卸荷蠕变强度特征

不同试验工况下的破坏强度如表 4-14 所示,不同试验工况下的黏聚力和内摩擦角如表 4-15 所示。

表 4-14　不同试验工况下的破坏强度

常规三轴试验			$(\sigma_1-\sigma_3)$ 恒定卸荷蠕变试验		
σ_3/MPa	σ_1/MPa	σ_f/MPa	σ_3/MPa	σ_1/MPa	σ_f/MPa
0	142.5	2.5	10	120	28.32
10	227.45	128.46	20	152.5	34.69
15	297.72	108.84	30	172.5	58.63
30	370.09	79.09			

表 4-15　不同试验工况下的黏聚力和内摩擦角

试验工况	m	b	c	φ
常规三轴试验	7.6241	154.61	28.00	50.18
$(\sigma_1-\sigma_3)$ 恒定卸荷蠕变	3.125	85.833	24.28	31.00

从表 4-15 可以看出:与常规三轴试验求得的黏聚力和内摩擦角相比,三轴加载蠕变岩样的黏聚力相对于瞬时指标降低了 9.96%,内摩擦角相对于瞬时指标降低了 11.28%;$(\sigma_1-\sigma_3)$ 恒定、分级卸荷围压蠕变岩样的黏聚力相对于瞬时指标降低了 13.28%,内摩擦角相对于瞬时指标降低了 38.23%。

4.3.4 常温卸荷蠕变破坏机理

4.3.4.1 宏观破坏形式

图4-14为花岗岩在不同围压条件下的卸荷蠕变破坏形式。

(a)10 MPa (b)20 MPa (c)30 MPa (d)40 MPa

图4-14 花岗岩卸荷蠕变岩样破坏形式

由图4-14可以看出,花岗岩岩样在10 MPa初始卸荷围压下发生张剪破坏,裂隙面有明显的摩擦滑移痕迹,与轴向夹角大约为45°,并且沿着主破坏裂隙面衍生出许多大小不一、方向不同的次生裂纹;围压20 MPa和30 MPa时,花岗岩岩样呈现出清晰的"V"形共轭剪切破坏面,岩样整体性保持良好;围压40 MPa时,岩样破坏面除主要有剪切破坏面以外,还伴随着大量次生裂纹,以及由次生裂纹引起的张拉性次破坏面,这些次破坏面最终造成岩样表面的张性剥落,岩样宏观上表现为横向扩容。

4.3.4.2 微细观破坏形式

花岗岩不同围压条件下破坏断面的电镜扫描图如图4-15所示。

(a)10 MPa

图4-15 花岗岩岩样的断面电镜扫描图(一)

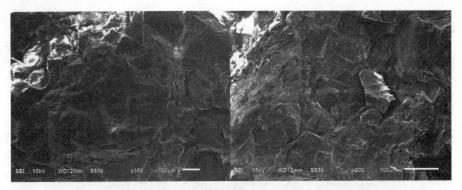

(b)20 MPa

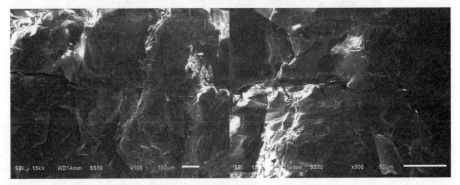

(c)30 MPa

(d)40 MPa

图4-15　花岗岩岩样的断面电镜扫描图(二)

从图4-14和图4-15可以看出:第一,硬岩卸荷蠕变破坏是由材料本身的构造及损伤随时间累积引起的,围压越大,内部损伤裂隙越明显,岩样损伤程度越大。第二,随着围压的增大,断口表面由低围压时的张拉迹象到高围压时的摩擦滑移痕迹越明显,直观上表现为低围压时破坏表面有明显的张拉撕裂痕迹,而高围压时破坏表面附着大量粉末状的细小颗粒,有明显的摩擦滑移痕迹。这种现象清楚地表明,硬岩在初始卸荷围压较低时易产生张拉性劈裂破坏,而在初始卸荷围压较高时易产生张剪性破坏,这与宏观破坏现象一致。第三,损伤裂隙主要产生于材料内部结构薄弱的部位,在长期外荷载作用下,初始裂纹因损伤而不断发展、贯通,形成裂隙面,进而沿初始裂隙产生宏观断裂面。

4.4　卸荷蠕变长期强度分析

岩体的长期蠕变强度是指岩体能够长期承受且不发生破坏的最大应力,主要以长期荷载作用下岩石强度损失程度作为确定长期强度的依据,是评价高坝工程坝区岩体长期稳定性的一个重要指标。长期强度的合理确定对工程的安全性和经济性都具有重要的指导意义。分析岩体长期强度的传统方法主要有等时应力—应变曲线簇法、非稳定蠕变判别法、体积扩容法等,本节根据硬岩卸荷稳态蠕变速率变化规律,提出了稳态蠕变速率交点法来确定硬岩的卸荷长期强度。下面对各种方法进行介绍并计算花岗岩卸荷蠕变长期强度。

4.4.1　传统经验方法

4.4.1.1　等时应力—应变曲线簇法

根据硬岩的卸荷蠕变试验结果,获得各级应力水平下的轴向应变—时间关系曲线。下面以路径1条件下的花岗岩初始卸荷围压40 MPa卸荷蠕变为例,说明等时应力—应变曲线簇法的分析过程。图4-16为花岗岩的轴向应变随时间的变化曲线。

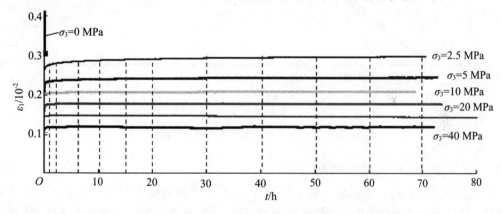

图4-16　花岗岩轴向应变—时间曲线

应用波尔兹曼叠加原理,可得到岩样卸荷蠕变试验不同时间参数下的应变值,如表4-16所示。根据表4-16绘制应力—应变关系等时曲线簇,如图4-17所示。由等时曲线簇不难看出,每条等时曲线都有明显的拐点,该点应力值随着时间的增加逐渐减小并趋于某极限值。这说明岩石内部结构发生变化,岩石开始由黏弹性向黏塑性状态转化,预示着岩石已经开始发生破坏。根据陈宗基的"第三屈服点"原理,这一点对应的应力水平即为岩石的长期强度。从而,应用等时应力—应变曲线簇法求得路径1条件下花岗岩初始卸荷围压40 MPa卸荷蠕变长期强度为69.4 MPa。由试验结果可知,路径1条件下花岗岩初始卸荷围压40 MPa卸荷蠕变破坏强度为80 MPa,故其长期强度为破坏强度的0.868倍。

表4-16　岩样卸荷蠕变试验不同时间参数下的应变值

偏应力 /MPa	时间/h											
	$t=0$	$t=1$	$t=2$	$t=6$	$t=10$	$t=15$	$t=20$	$t=30$	$t=40$	t=50	$t=60$	$t=70$
50	0.139	0.141	0.142	0.143	0.143	0.142	0.142	0.141	0.141	0.140	0.140	0.139
60	0.156	0.171	0.172	0.173	0.173	0.173	0.173	0.173	0.173	0.173	0.173	0.173
70	0.195	0.198	0.199	0.200	0.201	0.201	0.201	0.202	0.202	0.202	0.202	0.202
75	0.203	0.228	0.229	0.232	0.234	0.235	0.235	0.236	0.237	0.237	0.238	0.238
77.5	0.256	0.268	0.271	0.277	0.279	0.282	0.283	0.285	0.287	0.288	0.289	0.290

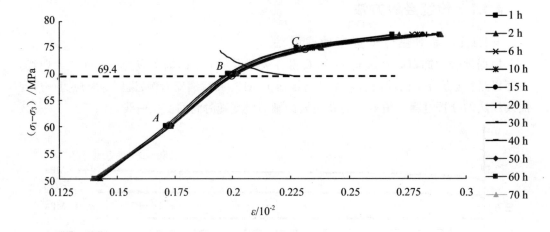

图4-17　应力—应变关系等时曲线簇

4.4.1.2　非稳定蠕变判别法

根据第3章花岗岩卸荷蠕变速率的分析可知,岩石的蠕变速率与应力水平大小关系密切。当应力水平较低时,岩石蠕变速率持续减小,直到速率为0,表现为减速蠕变;当应力水平超过某一阈值时,岩石蠕变速率保持不变或持续增大,表现为稳态蠕变或加速蠕变。该阈值即为稳定蠕变与非稳定蠕变的临界值,我们将该应力水平下的阈值称为岩石的长期强度。当应力水平超过该临界值时,岩石蠕变持续一段时间后进入稳态蠕变或加速蠕变,此时$\dot{\varepsilon}>0$,直至岩样破坏。

下面仍以路径1条件下花岗岩初始卸荷围压40 MPa卸荷蠕变为例,选取其典型的轴向蠕变曲线,说明非稳定蠕变法的分析过程。图4-18为花岗岩的轴向应变随时间的变化曲线。

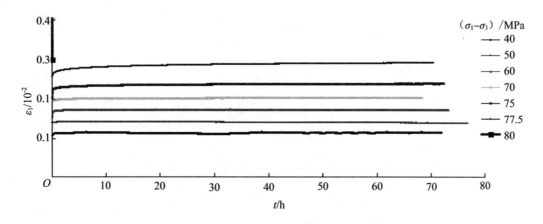

图4-18　花岗岩卸荷蠕变典型的轴向蠕变曲线

由图4-18可以看出,当轴向偏应力水平低于70 MPa时,岩样只发生衰减蠕变,每级应力水平下,岩样变形基本保持稳定,处于稳定蠕变状态;当轴向偏应力水平达到75 MPa时,岩样发生等速蠕变,变形随时间逐渐增大,处于不稳定蠕变状态。因此,可初步判断花岗岩在初始卸荷围压40 MPa时的长期强度介于70 MPa和75 MPa之间。为便于分析,取其平均值,即72.5 MPa,为破坏强度的0.906倍。

4.4.1.3　体积扩容法

沈明荣根据岩石应力—应变曲线,分析了岩石破裂关键线,如图4-19所示。如果应力水平处于破裂关键线以下,岩样即使经过长时间的蠕变也不会发生破裂;一旦应力水平超过破裂关键线,岩样最终会发生破裂,只是蠕变时间不同而已。因此,破裂关键线对应的岩石强度就是岩石的长期强度。但是,破裂关键线的位置仅从轴向应力—应变曲线上难以判断。

根据硬岩体积变形规律的分析可知,体积变形分为3个阶段:体积压缩阶段、体积不变阶段和体积膨胀阶段。体积膨胀意味着破坏的开始,因此,可把体积不变阶段对应的应力水平作为岩石的长期强度。图4-20为路径1条件下花岗岩初始卸荷围压40 MPa卸荷蠕变应力—应变曲线,K点处应力为体积不变阶段对应的应力水平。保守起见,花岗岩在初始卸荷围压40 MPa时的长期强度取为60 MPa,为破坏强度的0.75倍。

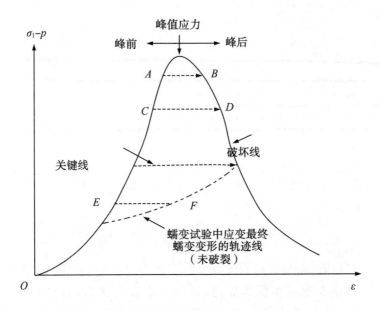

图 4-19 蠕变与应力—应变曲线的关系

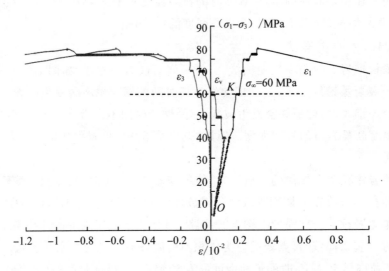

图 4-20 硬岩卸荷蠕变应力—应变曲线

4.4.1.4 残余应变法

硬岩在卸荷蠕变过程中,会因损伤而不断产生塑性变形。当损伤发展到一定程度时,岩样的弱化程度会迅速增大,这时候残余应变的增长速率会出现明显变化,那么这个残余应变增速变化的拐点就可以认为是岩石的长期强度。

图 4-21 为路径 1 条件下花岗岩初始卸荷围压 40 MPa 卸荷蠕变的残余应变,根据残余应变法可得出花岗岩在初始卸荷围压 40 MPa 时的长期强度为 72.5 MPa,为破坏强度的 0.91 倍。

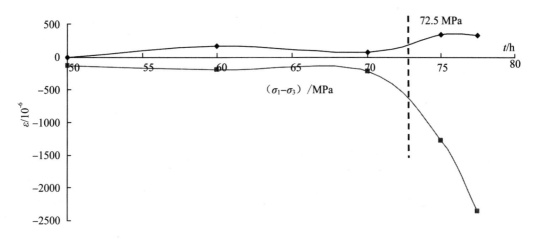

图 4-21　花岗岩卸荷蠕变残余应变

4.4.2　稳态蠕变速率交点法

如前所述,等时应力—应变曲线簇法、非稳定蠕变判别法和体积扩容法是分析岩石蠕变长期强度常用的经验方法,并各有其适用性。如等时应力—应变曲线簇法和非稳定蠕变判别法对于软岩蠕变比较适用,因其各级荷载下的蠕变现象较为明显,蠕变曲线差异也较大,因而对于分析软岩的长期强度效果很好。而对于硬岩,其蠕变变形量较小,蠕变曲线差异不明显,在选取拐点时,人的主观判断影响较大,因而效果较差。体积扩容法是选取体积扩容处的强度来确定岩石的长期强度,虽直观简单,但是对轴向和横向应变值的测量准确性要求较高,在试验中难以掌控。

通过对稳态蠕变特性的分析发现,稳态蠕变阶段的岩体变形随时间推移既可以趋于收敛,也可以发展到加速蠕变阶段并最后破坏,因此,岩体稳态蠕变阶段的特性可以决定岩体最终是否会发生破坏。在稳态蠕变阶段,当应力水平较低时,稳态蠕变速率较小,岩样变形以轴向压缩为主,此时岩样轴向蠕变速率大于横向蠕变速率;随着应力水平的增加,稳态蠕变速率逐渐增加,横向扩容显著,岩样变形由轴向压缩转为横向膨胀,并逐渐以横向膨胀为主,此时的岩样横向蠕变速率大于轴向蠕变速率。因此,在岩样稳态蠕变阶段,其轴向蠕变速率和横向蠕变速率曲线必然存在一个交点,在此交点之前,岩样不产生明显的延性破坏;到达此交点,岩样处于相对平衡状态;超过此交点,岩样横向稳态蠕变速率增幅较大,并迅速超过轴向蠕变速率,表现出明显的扩容现象,并最终产生扩容破坏。因此,可以认为该点即为岩样蠕变破坏的临界点,该点对应的强度即为岩石的长期强度,由此提出了分析硬岩长期强度的稳态蠕变速率交点法。图 4-22 为稳态蠕变速率交点法的原理分析。

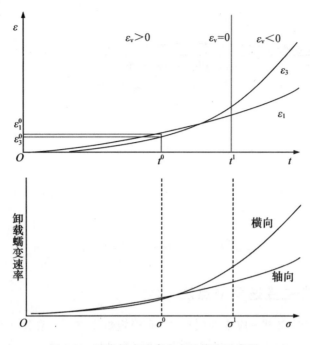

图4-22　稳态蠕变速率交点法原理示意图

首先分析图4-22的应变—时间（ε-t）曲线。不难发现，随着应力水平的不断增大，岩样卸荷蠕变应变不断增大。起初轴向应变大于横向应变，岩样表现为体积压缩，$\varepsilon_v > 0$（其中，$\varepsilon_v = \varepsilon_1 + 2\varepsilon_3$，压缩为"＋"，膨胀为"－"）；经过一段时间后，横向应变逐渐增大，超过轴向应变，在时间 $t = t^1$ 时，体积应变 $\varepsilon_v = 0$；此后横向应变持续快速增大，$\varepsilon_v < 0$，岩样很快发生扩容破坏。

再分析图4-22的卸荷蠕变速率—应力（CR-σ）曲线。可以看出，随着应力水平的不断增大，岩样卸荷蠕变速率不断增大。最初，轴向蠕变速率曲线位于横向蠕变速率曲线上方，并且轴向曲线的斜率大于横向曲线的斜率，说明轴向蠕变速率增长率大于横向蠕变速率增长率；当应力水平达到 σ^0 时，轴向和横向曲线斜率相等，说明轴向和横向蠕变速率增长率相同；当应力水平大于 σ^0 时，轴向曲线的斜率小于横向曲线的斜率，说明轴向蠕变速率增长率小于横向蠕变速率增长率；当应力水平达到 σ^1 时，轴向曲线和横向曲线交于一点，说明轴向蠕变速率和横向蠕变速率相同；应力水平继续增大，横向曲线始终位于轴向曲线上方，并且以更大的增长率发展，直至岩样破坏。

根据卸荷蠕变试验结果分析可知，岩样发生体积扩容后变得极不稳定，因此，长期强度可靠值应当处于体积应变压缩阶段，即 $\varepsilon_v > 0$ 的卸荷蠕变阶段。而卸荷蠕变速率—应力（CR-σ）曲线的交点成为理想长期强度的首选目标：首先，该交点满足 $\varepsilon_v > 0$ 的卸荷蠕变阶段；其次，通过分析可知，应力水平超过该点应力值后，岩石便开始有膨胀扩容的趋势。因而，该点作为长期强度临界值是偏于安全的。当应力水平低于此临界值时，岩石能维持长期稳定，高于此临界值时，岩石将从稳定蠕变过渡到加速蠕变阶段，从而很快发生破坏。

下面仍然以路径1条件下花岗岩不同初始围压的卸荷蠕变试验为例,说明稳态蠕变速率交点法的详细分析过程,如图4-23所示。

由图4-23可以看出,当应力水平较低时,岩样稳态蠕变速率较小,随着应力水平的增大,轴向和横向稳态蠕变速率不断增大,并且呈非线性发展。根据实验结果分析可知,稳态蠕变速率与偏应力之间符合指数函数关系 $\dot{\varepsilon}=\alpha e^{\beta\sigma}$。岩样经过一段较长时间的蠕变后,轴向蠕变速率增加缓慢,横向蠕变速率增加较快,慢慢接近轴向蠕变速率,并最终超过轴向蠕变速率。这期间,岩样轴向蠕变速率和横向蠕变速率都存在一个交点,交点之前,轴向蠕变速率曲线位于横向蠕变速率曲线上方,表明轴向蠕变速率大于横向蠕变速率;交点之后,横向蠕变速率曲线位于轴向蠕变速率曲线上方,表明横向蠕变速率大于轴向蠕变速率。该交点对应的应力水平值即为岩样的长期强度值。从而可得路径1条件下10 MPa初始卸荷围压花岗岩的长期强度值为80.5 MPa,为破坏强度的0.92倍;20 MPa初始卸荷围压花岗岩的长期强度值为74.1 MPa,为破坏强度的0.86倍;30 MPa初始卸荷围压花岗岩的长期强度值为76.7 MPa,为破坏强度的0.85倍;40 MPa初始卸荷围压花岗岩的长期强度值为64.4 MPa,为破坏强度的0.81倍。

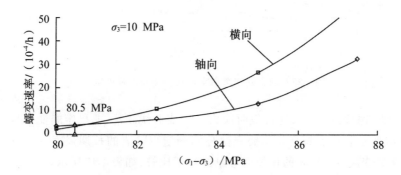

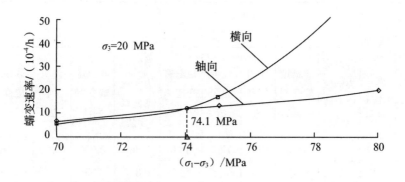

图4-23 稳态蠕变速率交点法分析长期强度(一)

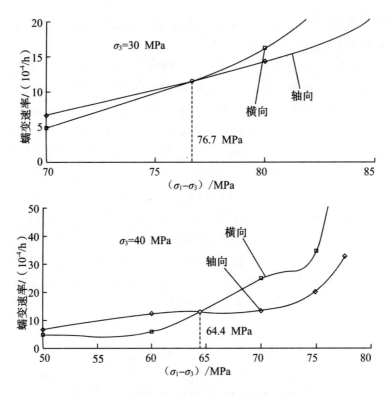

图4-23 稳态蠕变速率交点法分析长期强度(二)

基于三轴蠕变试验结果,通过等时应力—应变曲线簇法、非稳定蠕变判别法、体积扩容法、残余应变法和稳态蠕变速率交点法分别确定出硬岩的长期强度,并以卸荷蠕变长期强度σ_∞与蠕变破坏强度σ_f的比值为参量进行了比较,如表4-17所示。

表4-17 不同方法确定的长期强度

围压/MPa	破坏强度/MPa	残余强度/MPa	长期强度 σ_∞/MPa					σ_∞/σ_f				
			等时应力—应变曲线簇法	非稳定蠕变判别法	体积扩容法	残余应变法	稳态蠕变速率交点法	等时应力—应变曲线簇法	非稳定蠕变判别法	体积扩容法	残余应变法	稳态蠕变速率交点法
40	80	16.9	69.4	72.5	60	72.5	62.6	0.868	0.906	0.750	0.906	0.783
30	90	21.3	78.8	86.25	80	86.25	76.7	0.876	0.958	0.889	0.958	0.852
20	85.7	7.19	75.4	81.25	82.5	81	74.1	0.880	0.948	0.963	0.945	0.865
10	87.5	4.73	83.6	83.75	80	86.25	80.5	0.955	0.957	0.914	0.986	0.920

注:蠕变长期强度σ_∞、蠕变破坏强度σ_f均按轴向偏应力$(\sigma_1 - \sigma_3)$取值。

由表4-17可以看出,稳态蠕变速率交点法确定的完整花岗岩岩块在路径1条件下的卸荷蠕变长期强度与破坏强度的比值为0.783~0.920,而等时应力—应变曲线簇法确定的长期强度与破坏强度的比值为0.868~0.955,非稳定蠕变判别法确定的长期强度与破坏强度的比值为0.906~0.958,体积扩容法确定的长期强度与破坏强度的比值为0.750~0.963,残余应变法确定的长期强度与破坏强度的比值为0.906~0.986。可见,稳态蠕变速率交点法确定的花岗岩的长期强度比等时应力—应变曲线簇法、非稳定蠕变法、体积扩容法和残余应变法确定的长期强度值最多可减少23.9%,大大提高了工程可靠性。

通过上述分析可知,等时应力—应变曲线簇法和非稳定蠕变判别法都是以轴向应变—时间关系曲线来分析的,在拐点的选择上含有较多的人为判断因素;体积扩容法对应变精度要求高,试验中往往满足不了精度要求;稳态蠕变速率交点法综合考虑了轴向和横向蠕变应变及蠕变速率的影响,利用数学方法求出临界值,克服了人为主观判断因素的影响。因此,采用稳态蠕变速率交点法确定硬岩卸荷蠕变的长期强度更加合理准确。

4.5　小　结

本章主要研究了50 ℃及常温条件下花岗岩卸荷蠕变特性及微细观破坏机制,主要结论如下:

(1)花岗岩在50 ℃卸荷作用下发生蠕变,破坏时产生较大的变形,宏观破坏模式为共轭剪切破坏。初始卸荷围压越高,花岗岩温度卸荷蠕变破坏程度越剧烈,岩样破坏后仍然具有一定的承载力,并且初始卸荷围压越大,该承载力也越大。

(2)通过对花岗岩常温和50 ℃卸荷蠕变试验的比较发现,高温和常温卸荷蠕变都经过衰减阶段、稳态阶段和加速阶段,都存在蠕变阈值,都发生扩容破坏,都具有明显的脆性破坏特征和破坏时效特征,破裂形式都是由低围压时的张拉破坏向高围压时的张剪破坏转化,但温度卸荷蠕变的共轭剪切破坏更为明显,破坏程度更为剧烈。

(3)花岗岩50 ℃卸荷蠕变破坏强度比常规强度低60%以上,其黏聚力和内摩擦角比常规指标值低30%以上;常温卸荷蠕变时蠕变破坏强度比常规强度低40%以上,其黏聚力和内摩擦角比常规指标值低10%以上。

(4)花岗岩常温和50 ℃卸荷蠕变变形以及稳态蠕变速率与围压水平密切相关,呈指数函数关系,并且围压越高,指数关系越显著。

(5)矿物组成成分及颗粒结晶程度直接影响岩石材料的长期强度,岩石内部损伤裂隙往往最早发生在颗粒结晶程度较差的部位。

(6)试验研究成果可为深埋岩体工程的安全性及稳定性提供有价值的试验指导,也可为后续的理论研究提供必要的试验支持。

第5章 深埋硬岩加卸载蠕变试验

5.1 引　言

甘肃北山作为我国首座高放废物深埋地质处置地下实验室的预选场址,场区内的深埋洞室围岩为花岗岩,具有孔隙度小、水渗透率低、裂隙较少等特点,可满足处置库围岩的要求。由于项目服务年限长达几万年,围岩的蠕变变形特性将直接影响工程的长期运行稳定性,所以开展花岗岩蠕变特性和长期强度研究是一项重要的研究任务。目前,针对北山花岗岩蠕变特性的研究主要集中在加载轴向应力的影响上,而针对北山花岗岩在不同加卸载应力路径下的三轴蠕变特性和微细观蠕变破裂机理的研究相对较少。因此,本章结合北山实验室的实际情况,重点研究卸荷应力路径对北山花岗岩蠕变力学特性的影响,并通过SEM电镜扫描试验分析北山花岗岩的蠕变细观破裂机制。

5.2 试验概况

5.2.1 工程背景

我国拟建的首座高放射性废物深埋地质处置地下实验室场址位于甘肃北山新场向阳山地段,属低山丘陵地形,岩漠化程度强,主体岩性为片麻状花岗闪长岩和英云闪长岩等,花岗岩岩体整体完整、强度较高。为研究洞区花岗岩蠕变效应对深埋地下实验室长期稳定运行的影响,本章开展了北山花岗岩在不同加卸载应力路径条件下的三轴蠕变力学试验。

5.2.2 试验方案

本试验分别开展了围压恒定分级加轴压和轴压恒定分级卸围压蠕变试验,试验方案如表5-1所示。

表5-1　压蠕变试验方案

试验工况	围压/MPa	分级荷载/MPa					
围压恒定分级加轴压	10	115	138	149	161	170	⋯
	15	104	130	156	169	182	⋯
	20	100	110	120	130	140	⋯
轴压恒定分级卸围压	160	10	8	6	5	4	⋯
	180	15	13	11	9	7	⋯
	195	20	18	16	14	12	⋯

通过常规室内三轴试验,得到北山花岗岩的单轴抗压强度为167.5 MPa,弹性模量为62.66 GPa,泊松比为0.27。不同围压下花岗岩全过程应力—应变曲线如图5-1所示。

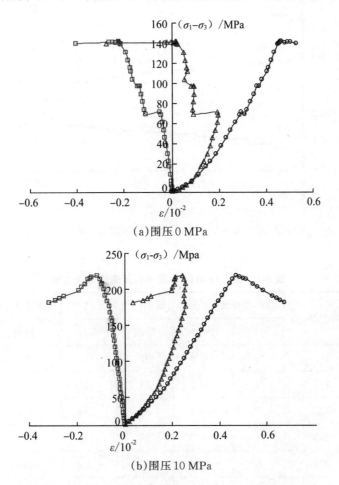

(a)围压 0 MPa

(b)围压 10 MPa

图 5-1　不同围压下三轴压缩试验的应力—应变曲线

5.3　加载蠕变试验结果分析

5.3.1　加载蠕变变形特征

根据试验方案,开展了围压 10 MPa、15 MPa 和 20 MPa 的分级加轴压蠕变试验。选取花岗岩的围压 15 MPa 分级加轴压蠕变试验结果进行分析,分级加轴压蠕变试验曲线如图 5-2 所示,分级加轴压蠕变试验数据如表 5-2 所示。

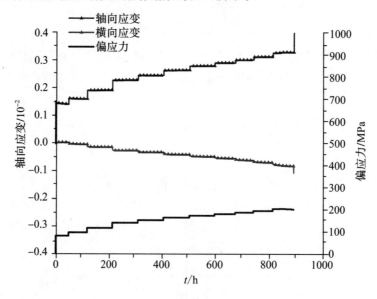

图 5-2　围压 15 MPa 分级加轴压蠕变试验曲线

表 5-2　围压 15 MPa 分级加轴压蠕变试验数据

轴压/MPa	偏应力/MPa	黏性应变增量/10^{-5}		瞬时应变增量/10^{-5}		等速蠕变速率/(10^{-5}/h)	
		轴向	横向	轴向	横向	轴向	横向
130	115	1	-1.4	0	0	0.011	0.015
167	152	2	-4.2	51	-13.1	0.570	0.186
188	173	4	-6.9	32	-8.8	0.277	0.121
204	189	1	-6.9	24	-8	0.180	0.107
218	203	0	-10.7	20	-6.4	0.260	0.222
227	212	0	0	665	-987	1323	1697

由图 5-2 和表 5-2 分析可知：

(1)岩石蠕变存在明显的门槛效应。当偏应力小于 152 MPa 时,岩石无明显蠕变现象；当偏应力大于 152 MPa 时,岩石开始出现明显的蠕变变形。这表明围压 15 MPa 时,花岗岩的蠕变门槛值为 152 MPa。

(2)岩石分级加载时会产生瞬时应变,蠕变过程中因岩体局部破裂后变形突增,导致岩石蠕变变形曲线呈现出明显不光滑的特点。如岩样偏应力在 203 MPa 下,轴向瞬时应变增量为 20 με,蠕变 27 h 后轴向应变由 32.7 με 突增为 32.9 με。

(3)瞬时加载对轴向应变的影响大于横向应变,蠕变变形则反之。岩样刚开始时横向变形速率远小于轴向,随着偏应力的增大,两者逐渐接近。岩样从刚开始的体积压缩逐渐向扩容转变,最终破坏时,横向变形量大于轴向变形量。如轴压为 167 MPa 时,黏性应变增量占总应变增量的 8.9%,其中轴向应变占黏性应变增量的 32.3%,横向应变占黏性应变增量的 67.7%；而加轴压至 204 MPa 时,黏性应变增量占总应变增量的 19.8%,其中轴向应变占黏性应变增量的 12.7%,横向应变占黏性应变增量的 87.3%。

5.3.2　加载加速蠕变速率分析

由每个时刻蠕变试验曲线对应的斜率来绘制蠕变速率随时间变化的曲线图,如图 5-3 所示。由于岩样在试验过程中发生局部破坏,速率—时间曲线存在一些波动,但整体的趋势和规律性良好。

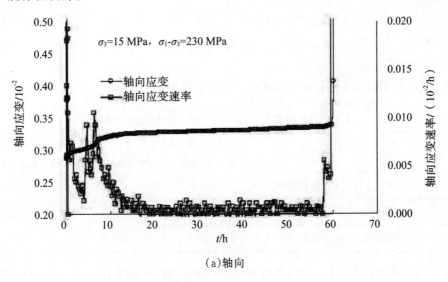

(a)轴向

图 5-3　硬岩(花岗岩)围压 15 MPa 分级加轴压蠕变速率曲线(一)

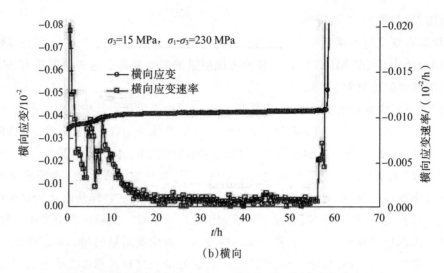

（b）横向

图5-3　硬岩（花岗岩）围压15 MPa分级加轴压蠕变速率曲线（二）

由图5-3可以看出：

（1）在低应力状态时,花岗岩首先经历减速蠕变阶段,岩样的蠕变速率随着时间迅速减小至0或某一较低值。

（2）随着应力的增大,花岗岩进入等速蠕变阶段,岩样的蠕变速率基本保持某一恒定值,在曲线上表现为一条近似的直线。

（3）随着应力的继续增大,在最后一级应力加载作用下,岩样经历了完整的蠕变三阶段:减速蠕变、等速蠕变、加速蠕变。加速蠕变速率迅速增大,加速蠕变的时间极其短暂,最终表现为岩样的破坏。

硬岩（花岗岩）不同围压下加载蠕变试验数据如表5-3所示。

表5-3　硬岩（花岗岩）不同围压下加载蠕变试验数据

试件编号	工况	破坏时的轴向应力水平/MPa	轴向平均等速蠕变速率/(10^{-5}/h)	横向平均等速蠕变速率/(10^{-5}/h)
JZ-1	围压10 MPa分级加轴压	212	0.436	0.586
JZ-2	围压15 MPa分级加轴压	230	0.276	0.515
JZ-3	围压20 MPa分级加轴压	247	0.238	0.335

由表5-3可以看出,岩石的蠕变速率受围压的影响,即围压限制了岩石的蠕变速率。如围压10 MPa时岩样的轴向平均等速蠕变速率为$0.436×10^{-5}$/h,围压20 MPa时岩样的轴向平均等速蠕变速率为$0.238×10^{-5}$/h,前者约是后者的2倍。可见,围压的增大,大大约束了岩石的蠕变速率。横向平均等速蠕变速率随着围压变化的规律同样如此,这是因为围压作用增强了岩样的抗压强度,减弱了其变形力学特性。

5.3.3　加载体积应变的蠕变分析

根据岩石的体积应变公式(以压缩为正),计算得到岩石加载蠕变过程中的体积应变。硬岩(花岗岩)加载蠕变体积应变曲线如图5-4所示。

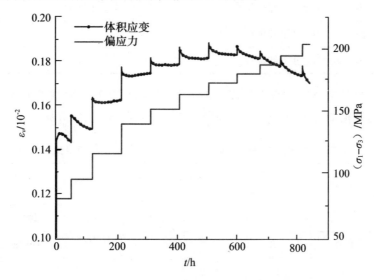

图 5-4　硬岩(花岗岩)加载蠕变体积应变曲线

图5-4中的体积应变曲线表明:

(1)加载蠕变时,岩样在低应力状态下,体积处于压缩状态,随着应力水平的提高,岩样逐渐表现为体积扩容。

(2)瞬时加载时,岩样产生压缩,但在蠕变过程中体积增大。这是因为岩样中存在着较多裂隙,当加载时,裂隙闭合导致体积压缩,而蠕变时,横向蠕变速率显著大于轴向蠕变速率,导致体积增大。

5.4　卸荷蠕变试验结果分析

5.4.1　卸荷蠕变变形特征

加载蠕变和卸荷蠕变都能使岩样产生破坏,但两者的机理不同。加载蠕变是通过施加轴向应力使得岩样达到其三轴抗压强度,而卸荷蠕变是通过降低围压使得岩样的三轴抗压强度降低至其轴向应力。本试验进行了围压分别为10 MPa、15 MPa和20 MPa时,偏应力不变、分级卸围压的蠕变试验。试验方案如表5-4所示。

表5-4　卸荷蠕变试验方案

试件编号	工况	破坏时的轴向应力水平/MPa	轴向平均等速蠕变速率/(10^{-5}/h)	横向平均等速蠕变速率/(10^{-5}/h)
XZ-1	围压10 MPa分级卸轴压	200	1.353	5.467
XZ-2	围压15 MPa分级卸轴压	200	0.783	2.530
XZ-5	围压20 MPa分级卸轴压	200	0.642	2.113

　　选取初始围压15 MPa、偏应力200 MPa分级卸围压蠕变试验结果进行分析,分级卸围压蠕变试验数据如表5-5所示,分级卸围压蠕变试验曲线如图5-5所示。

表5-5　初始围压15 MPa、偏应力200 MPa分级卸围压蠕变试验数据

围压/MPa	偏应力/MPa	黏性应变增量/10^{-5}		瞬时应变增量/10^{-5}		等速蠕变速率/(10^{-5}/h)	
		轴向	横向	轴向	横向	轴向	横向
15	200	−5	−6.7	0	0	0.108	0.144
12	200	4	−10.2	2	−2.8	0.136	0.295
9	200	5	−20	6	−2.9	0.22	0.458
6	200	13	−77	7	−3	0.308	1.212
4	200	44	−360	7	−5	0.689	4.932
2	200	0	0	8800	−9817	1473	5834

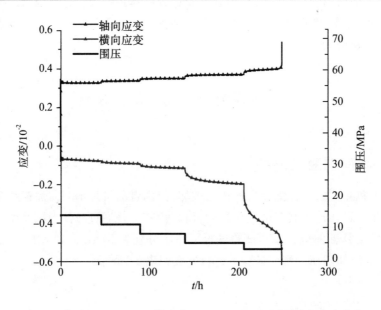

图5-5　初始围压15 MPa、偏应力200 MPa分级卸围压蠕变试验曲线

由表5-5和图5-5分析可知：

(1)卸荷蠕变同样存在着蠕变门槛。当偏应力保持180 MPa时，围压从15 MPa降至11 MPa前，岩样没有明显的蠕变现象；降至11 MPa后，岩样蠕变现象逐渐明显；当围压降至4 MPa时，岩样产生加速蠕变破坏。

(2)每一级围压下的卸荷蠕变曲线比加载蠕变曲线更不光滑，从第一级起便有突变点存在。这表明卸荷蠕变更强，微细观损伤累积得更加快速，在宏观上则体现为局部破裂，从而导致蠕变曲线不光滑。

(3)在卸荷蠕变过程中，横向变形较轴向变形更为显著。试验开始时，横向变形和蠕变速率就大于轴向的，即产生了体积扩容，且随着卸荷的进行，扩容现象愈加明显。

比较两种不同应力路径下的蠕变数据和曲线可以发现，相较于加载蠕变，在卸荷蠕变中蠕变变形要远大于瞬时变形。因此在高放射性废物深埋处置室施工过程中，要更加注意由于卸荷产生的蠕变行为。

5.4.2 卸荷加速蠕变速率分析

根据卸荷蠕变试验曲线对应的斜率，得到卸荷蠕变速率随时间变化的曲线，如图5-6所示。

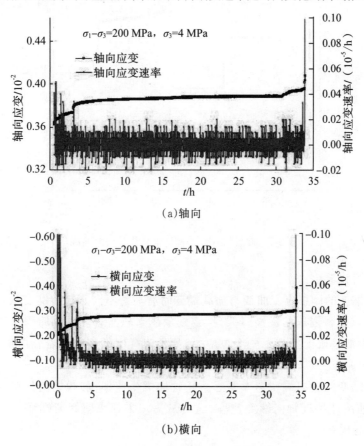

(a)轴向

(b)横向

图5-6 偏应力恒定、分级卸围压蠕变速率曲线

由图5-6可以看出:

(1)岩样在最后一级破坏应力下经历完整的蠕变三阶段:减速蠕变、等速蠕变、加速蠕变,其基本规律与加载蠕变一致。

(2)卸荷蠕变比加载蠕变更容易破坏。如围压15 MPa分级加轴压时岩样经历约70 h后进入加速蠕变阶段并破坏,围压15 MPa分级卸围压时经历35 h后进入加速蠕变阶段并破坏,且卸荷时的等速蠕变速率显著大于加载蠕变的等速蠕变速率。两种情况下的等速蠕变速率之所以产生如此大的差异,在于卸荷蠕变时所施加的荷载更接近于屈服强度,使得岩样更容易产生破坏,即到达破坏的时间越短,加速蠕变前的等速蠕变速率越快。同时,卸荷时相当于在侧面施加了一个拉应力,更容易引起岩样裂隙的扩展,导致岩样加速破坏。

5.4.3 卸荷体积应变的蠕变分析

根据试验结果,得到硬岩(花岗岩)卸荷蠕变体积应变曲线,如图5-7所示。

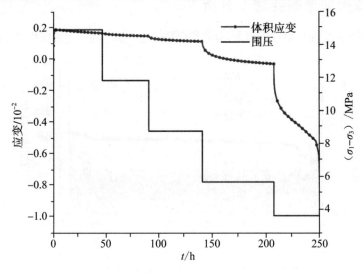

图5-7 硬岩(花岗岩)卸荷蠕变体积应变曲线

由图5-7可以看出:

(1)卸荷蠕变的体积应变曲线与加载蠕变时有显著不同。卸荷蠕变从一开始就产生了体积扩容,且随着围压的逐渐降低,扩容现象越来越显著。主要原因是卸荷蠕变相当于在原有应力的基础上叠加上一个拉应力,导致岩样中的裂隙沿着轴向扩展,其宏观表现即为体积的扩容。

(2)卸荷蠕变的横向蠕变速率要远大于轴向蠕变速率,加载蠕变只有在岩样快破坏时横向蠕变速率才接近轴向蠕变速率,这也从另一方面表明卸荷蠕变更易产生体积扩容,岩样更容易破坏。

5.5　岩体破坏特征分析

5.5.1　宏观破坏特征

5.5.1.1　加载蠕变破坏

硬岩(花岗岩)岩样围压恒定、分级加载蠕变破坏形式如图 5-8 所示。

(a)围压 10 MPa　(b)围压 15 MPa　(c)围压 20 MPa

图 5-8　硬岩(花岗岩)岩样围压恒定、分级加载蠕变破坏形式

由图 5-8 可以看出,当围压较高时,岩样产生剪切破坏。当围压为 10 MPa 时,岩样上同时存在着劈裂破坏和剪切破坏痕迹。这是由于围压较小时对于试件的约束较小,岩样沿轴向产生拉伸裂纹并导致劈裂破坏,具有一定的脆性。随着围压的升高,岩样逐渐表现为剪切破坏,宏观破裂面的倾角随着围压的增大而越来越大。

5.5.1.2　卸荷蠕变破坏

硬岩(花岗岩)岩样偏应力恒定、分级卸荷蠕变破坏形式如图 5-9 所示。

(a)围压 10 MPa　　(b)围压 15 MPa　　(c)围压 20 MPa

图 5-9　硬岩(花岗岩)岩样偏应力恒定、分级卸荷蠕变破坏形式

由图 5-9 可以看出,岩样在卸荷蠕变时,相当于在内部施加了沿着轴向的拉应力,从而在表面产生沿轴向的张拉裂纹;随着围压的增大,岩样内部的裂隙在拉应力的作用下

不断扩张,且横向变形速率远大于轴向变形速率,导致最终发生扩容破坏且岩样破坏时具有一定的内鼓;随着围压的继续增大,岩样表面出现了由于卸荷产生的张性剥落片以及破碎严重而掉落的岩石颗粒,破坏形式表现为张剪破坏。

5.5.2 细观破坏特征

为了探究不同应力路径下硬岩(花岗岩)细观破裂机制,对岩样典型破裂断面进行电镜扫描分析。

5.5.2.1 加载蠕变破坏

选取15 MPa围压分级加载蠕变破坏断口进行电镜扫描,得到硬岩(花岗岩)岩样围压恒定、分级加载蠕变细观破坏形式,如图5-10所示。

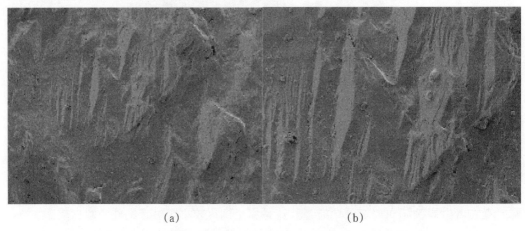

(a) (b)

图5-10 加载蠕变破坏断面1000倍和2000倍下的电镜扫描图

由图5-10可以看出,加载蠕变破坏时,围压15 MPa下断口破裂面为锲形剪切面,断面较为整洁。断口面因为裂隙面之间的摩擦滑移而表现出阶梯状,形貌呈有序排列,晶界间隙宽,发育有溶蚀孔,整体表现为沿晶破坏。

5.5.2.2 卸荷载蠕变破坏

选取15 MPa围压分级卸荷蠕变破坏断口进行电镜扫描,得到硬岩(花岗岩)岩样偏应力恒定、分级卸荷蠕变细观破坏形式,如图5-11所示。

由图5-11可以看出,卸荷蠕变破坏时,破坏断面呈现阶梯状张剪撕裂,断面上同时还伴生大量龟裂微裂隙,表明卸荷蠕变时岩石中产生了拉剪破坏。裂隙在张拉作用下逐步形成空洞,最终相互贯通产生了宏观破坏,整体表现为穿晶破坏。

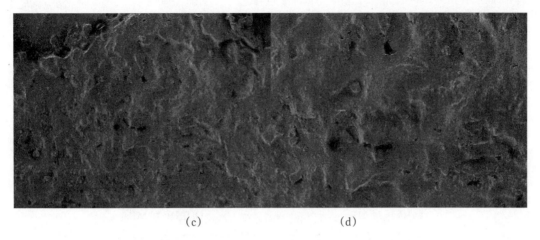

(c)　　　　　　　　　　　　　　　(d)

图 5-11　卸荷蠕变破坏断面1000倍和2000倍下的电镜扫描图

5.6　加卸载蠕变长期强度分析

稳定蠕变与非稳定蠕变的分界值所对应的应力水平值即为岩石的蠕变长期强度,在到达这一限值之前,蠕变速率持续衰减直至为0,而高于这一应力限值时,就会出现等速蠕变或加速蠕变现象。现定义花岗岩的变形模量为:

$$E = \frac{\sigma_1 - \sigma_0}{\varepsilon_1 - \varepsilon_0} \tag{5-1}$$

式中,σ_0为σ_1上一级的应力,ε_0为ε_1上一级最后时刻的应变。

在每一级应力水平下,σ_1保持不变,ε_1持续增大,且在稳定蠕变时,ε_1增大速率越来越慢,最终趋于某一固定值。当岩石由稳定蠕变转为非稳定蠕变时,ε_1由减速蠕变转为等速蠕变或加速蠕变,在数值上体现为显著增大,且由于应变在分母上,应变的增大会被放大。因此,在变形模量—时间曲线中,必存在一个突变点。在此点之前,变形模量在每一级应力水平下持续降低,但降低速度越来越慢,曲线上表现为下凹。在突变点处,由于应变突增,曲线上表现为变形模量在此处陡降。在此点之后,由于岩石处于不稳定蠕变阶段,岩石内部裂隙不断发育,在宏观上表现为岩石破裂。一般来说,硬岩破坏时应变会陡增,所以变形模量会不断出现陡降点。因此,认为第一次出现的突变点即为岩样蠕变破坏的临界点,其对应的强度为岩石的长期强度。不同围压下变形模量的时间曲线如图5-12所示。

传统的长期强度分析方法都是依据轴向应变和时间的关系来进行判定的,对于变形量较大的软岩有很好的效果,但对于硬岩(花岗岩)而言,其蠕变变形量很小,因此在一些拐点的选择上主观性较强,容易导致最终的误差较大。

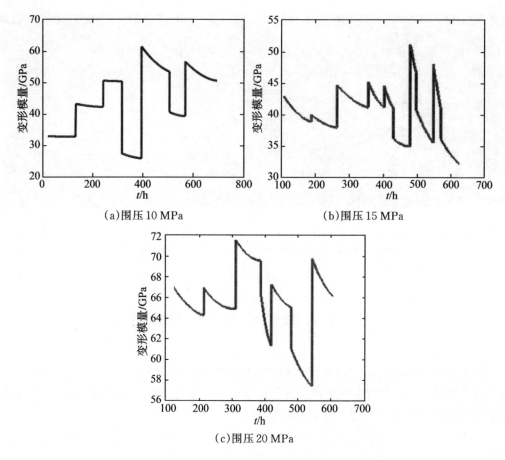

（a）围压 10 MPa　　　　　　（b）围压 15 MPa

（c）围压 20 MPa

图 5-12　不同围压下变形模量的时间曲线

可采用不同方法确定硬岩（花岗岩）蠕变长期强度，如表 5-6 所示。

表 5-6　不同方法确定硬岩（花岗岩）蠕变长期强度

围压/MPa	破坏强度/MPa	长期强度 σ_∞/MPa			σ_∞/σ_f		
		等时应力—应变曲线簇法	非稳定蠕变判别法	变形模量判别法	等时应力—应变曲线簇法	非稳定蠕变判别法	变形模量判别法
10	212	144	160	152	0.723	0.755	0.717
15	227	154	144	142	0.678	0.634	0.626
20	247	171	180	163	0.692	0.729	0.660

注：由于岩石的蠕变长期强度与其围压有密切关系，为了方便比较，以蠕变长期强度 σ_∞ 与蠕变破坏强度 σ_f 的比值进行讨论。σ_∞、σ_f 均按照偏应力（$\sigma_1-\sigma_3$）取值。

由表 5-6 可以看出，变形模量判别法计算得到的 σ_∞/σ_f 值为 0.626～0.717，相比等时应力—应变曲线簇法和非稳定蠕变判别法，长期强度值普遍减少 4% 左右。这是因为本章提出的变形模量判别法是将应变放在分母位置,最终得出的曲线会把很小的变形进行放大,从而避免了主观判断的误差,使结果更加准确。

5.7 小 结

本章开展了甘肃北山高放射性废物地下处置室选址处硬岩(花岗岩)在加卸载应力路径下的三轴蠕变试验研究,结合电镜扫描的结果对岩样的宏细观破裂特征进行了分析,得出了以下结论:

(1)硬岩加卸载蠕变都具有蠕变门槛。当位于最后一级破坏应力水平后,岩石会出现完整的蠕变三阶段,且相对于等速蠕变阶段,减速蠕变和加速蠕变时间极短。

(2)卸荷蠕变速率受到围压的影响较大。在相同应力水平下,围压越高,蠕变速度越慢。

(3)卸荷蠕变从一开始就表现为体积扩容,并且随着围压的降低,体积扩容的速度加快。

(4)加载蠕变时随着围压的增大,岩样逐渐由劈裂破坏转为剪切破坏,且围压越大,破坏断口越平整。卸荷蠕变时岩样在破坏时沿轴向产生了多条张性裂纹,具有典型的张剪破坏特征。同时,试件表面出现的张性剥落片以及崩落的岩石颗粒体现了岩样的卸荷蠕变比加载蠕变更具有脆性。

(5)加载蠕变破坏时多为沿晶断裂,剪切滑移迹象明显;卸荷蠕变为穿晶破裂,破坏断面多为张剪撕裂状,即卸荷蠕变过程还存在张剪破坏。

第6章 深埋硬岩高温加载蠕变模型

6.1 引 言

为了确保工程岩体在长期运营过程中的稳定性和安全性,学者们围绕岩石的蠕变特性进行了大量的试验研究,但岩石蠕变模型理论仍然面临严峻的挑战,相关研究也一直方兴未艾。目前,蠕变模型理论中较为常用的方法是利用试验数据反演蠕变模型参数,进而对未知模型进行拟合辨识。本章结合试验研究结果,分别建立了深埋硬岩高温加载蠕变和卸荷蠕变模型,能够较好地描述蠕变过程中变形随时间的变化规律。

6.2 深埋硬岩高温蠕变特征分析

蠕变模型能够较好地描述蠕变过程中变形随时间的变化规律,是一种有效模拟岩石蠕变过程的方法。本章根据深埋硬岩(花岗岩)温度蠕变试验结果,通过分析硬岩高温加载蠕变特征,寻求适用的热元件组合模式。根据试验,硬岩高温加载蠕变特征如下:

(1)瞬时加载过程应变产生增量,岩石发生瞬时变形,模型应包含弹性元件。

(2)岩石蠕变变形随着时间增加而变大,变形具有时效特性,模型应包含黏性元件。

(3)蠕变过程存在稳定和不稳定阶段,超过某临界应力值后,蠕变由稳定状态转为不稳定状态,模型应控制应力阈值,包含塑性元件。

(4)岩石存在完整的蠕变三阶段,在低应力水平下,岩石发生减速蠕变和等速蠕变;在高应力水平下,岩石除了发生减速蠕变和等速蠕变,还可能发生加速蠕变,是一种非线性的蠕变行为。

(5)温度影响下的岩石蠕变性质将发生变化,说明不同温度条件对应的蠕变参数不同,可引进弹性模量 $E = E(T)$、黏性系数 $\eta = \eta(T)$。

因此,深埋硬岩高温蠕变模型需要包含热弹性、热塑性、热黏性这三种基本元件,既能考虑温度变化影响又能反映蠕变的非线性特征。

6.3　热黏弹塑性蠕变损伤模型

岩石的经典蠕变模型包括 Maxwell 模型、广义 Kelvin 模型、Burgers 模型、西原正夫模型等。这些模型能够反映出岩石蠕变的基本特征,但模型内的弹性模量、黏性系数等关键蠕变参数往往是定值,并不能完全反映真实的高温蠕变规律,致使蠕变模型不能准确地描述实际高温蠕变过程,特别是加速蠕变过程。对黏性元件进行非线性改进是模拟加速蠕变的有效方法。为了充分反映深埋花岗岩的高温蠕变特性,将西原正夫模型原黏塑性体中的黏性牛顿元件由考虑损伤和参数劣化改为考虑温度和损伤影响的黏性元件,并建立热黏弹塑性蠕变损伤模型(简称 T-VEP 蠕变模型),如图 6-1 所示。

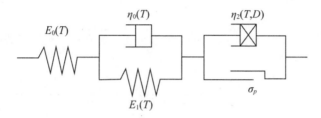

图 6-1　热黏弹塑性蠕变损伤模型(T-VEP 蠕变模型)

热黏弹塑性蠕变损伤模型由热弹性体、热黏弹性体、热损伤黏塑性体串联组合而成,所有元件均考虑温度影响。弹性模量可表示为 $E(T)$,热黏弹性体中的黏性元件系数为 $\eta_1(T)$,热黏塑性体中的黏性元件综合考虑温度和损伤影响后可表示为 $\eta_2(T,\ D)$。

下面对改进后考虑温度和损伤影响的热黏塑性体中的黏性牛顿元件进行介绍。

热黏塑性体中黏性元件为受温度和应力影响的牛顿体,T 为温度,D 为损伤因子($0 \leqslant D \leqslant 1$),其本构关系为:

$$\sigma_v = \eta_2(T,\ D)\ \dot{\varepsilon}_v \tag{6-1}$$

考虑温度及损伤对黏性系数 η_2 的影响,有:

$$\eta_2(T,\ D) = \eta_2(T)(1-D) \tag{6-2}$$

定义损伤变量随时间累积呈负指数函数形式,即:

$$D = 1 - e^{-\alpha t} \tag{6-3}$$

式中,α 为受温度影响的系数,可表示为 $\alpha(T)$,时间为 t。

因此,热黏性元件的黏性系数为:

$$\eta_2 = (T,\ D) = \eta_2(T)\ e^{-\alpha(T)t} \tag{6-4}$$

本构方程可写为:

$$\sigma_v = e^{-\alpha(T)t}\eta_2(T)\ \dot{\varepsilon}_v \tag{6-5}$$

定义折减函数为:

$$P(t) = e^{-\alpha(T)t} \tag{6-6}$$

随着 α 取值不同，$P(t)$ 随时间 t 的变化如图 6-2 所示。

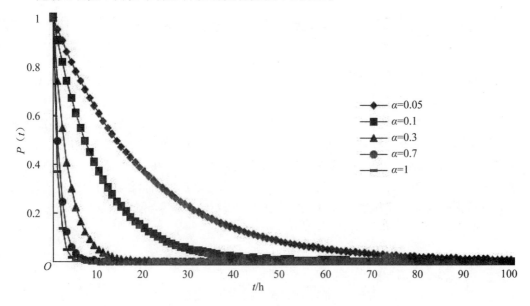

图 6-2　不同 α 下 $P(t)$ 随时间变化曲线

由图 6-2 可以看出，随着时间增长，折减函数 $P(T)$ 逐渐减小，$\eta_2(T, D)$ 相对于 $\eta_2(T)$ 的劣化程度随时间增长而变大。并且随着 α 增大，折减函数减小的幅度更快，$\eta_2(T, D)$ 损伤更加剧烈。

从理论上的初步分析可知，T-VEP 蠕变模型能够反映温度影响下的花岗岩蠕变规律。下面对模型本构关系和蠕变方程进行推导分析，并对模型作进一步的验证。

6.3.1　热黏弹塑性蠕变损伤模型的本构方程

根据建立的 T-VEP 蠕变模型，对模型本构关系进行推导。

令模型中热弹性体的弹性模量为 $E_0(T)$，热黏弹性体中弹性元件的弹性模量为 $E_1(T)$，热牛顿体的黏性系数为 $\eta_1(T)$，热黏塑性体的黏性系数为 $\eta_2(T, D)$，塑性元件的屈服应力为 σ_s。三部分所受应力分别为 σ_e、σ_{ve}、σ_{vp}，应变分别为 σ_e、σ_{ve}、σ_{vp}。

（1）当 $0 < \sigma < \sigma_s$ 时，摩擦片为刚体，模型只有热弹性体和热黏弹性体起作用，各元件满足如下关系式：

$$\begin{cases} \varepsilon = \varepsilon_e + \varepsilon_{ve} \\ \sigma = \sigma_e = \sigma_{ve} \\ \sigma_e = E_0(T)\,\varepsilon_e \\ \sigma_{ve} = E_1(T)\,\varepsilon_{ve} + \eta_1(T)\,\dot{\varepsilon}_{ve} \end{cases} \tag{6-7}$$

式（6-7）中的第三式可写为：

$$\varepsilon_e = \frac{\sigma_e}{E_0(T)} \tag{6-8}$$

把式(6-8)代入式(6-7)中的第一式并求导,得:

$$\dot{\varepsilon}_{ve} = \dot{\varepsilon} - \frac{\dot{\sigma}}{E_0(T)} \tag{6-9}$$

把式(6-9)代入式(6-7)中的第四式,得:

$$\sigma = E_1(T) \left[\varepsilon - \frac{\sigma}{E_0(T)} \right] + \eta_1(T) \left[\dot{\varepsilon} - \frac{\dot{\sigma}}{E_0(T)} \right] \tag{6-10}$$

合并同类项并整理,得:

$$\eta_1(T)\ \dot{\sigma} + \left[E_0(T) + E_1(T) \right]\sigma = E_0(T)\ \eta_1(T)\ \dot{\varepsilon} + E_0(T)\ E_1(T)\ \varepsilon \tag{6-11}$$

(2)当 $\sigma \geqslant \sigma_s$ 时,热黏塑性体参与蠕变过程,此时各元件关系式满足如下关系式:

$$\begin{cases} \varepsilon = \varepsilon_e + \varepsilon_{ve} + \varepsilon_{vp} \\ \sigma = \sigma_e = \sigma_{ve} = \sigma_{vp} \\ \sigma_e = E_0(T)\ \varepsilon_e \\ \sigma_{ve} = E_1(T)\ \varepsilon_{ve} + \eta_1(T)\ \dot{\varepsilon}_{ve} \\ \sigma_{vp} - \sigma_s = \eta_2(T)\ \dot{\varepsilon}_{vp}\,\mathrm{e}^{-\alpha(T)t} \end{cases} \tag{6-12}$$

式(6-12)中的第五式为热黏弹性体本构方程,也可写为:

$$\dot{\varepsilon}_{vp} = \frac{\sigma - \sigma_s}{\eta_2(T)}\,\mathrm{e}^{\alpha(T)t} \tag{6-13}$$

把式(6-8)和式(6-13)代入式(6-12)中的第一式并求导,得:

$$\dot{\varepsilon}_{ve} = \dot{\varepsilon} - \frac{\dot{\sigma}}{E_0(T)} - \frac{\sigma - \sigma_s}{\eta_2(T)}\,\mathrm{e}^{\alpha(T)t} \tag{6-14}$$

同样,对式(6-12)中的第一式求二阶导数,得:

$$\ddot{\varepsilon}_{ve} = \dot{\varepsilon} - \frac{\ddot{\sigma}}{E_0(T)} - \frac{\mathrm{e}^{\alpha(T)t}}{\eta_2(T)}\big[\dot{\sigma} + \alpha(T)(\sigma - \sigma_s)\big] \tag{6-15}$$

对式(6-12)中的第四式求导,得:

$$\dot{\sigma} = E_1(T)\ \dot{\varepsilon}_{ve} + \eta_1(T)\ \ddot{\varepsilon}_{ve} \tag{6-16}$$

把式(6-14)和式(6-15)代入式(6-16),整理得:

$$\begin{aligned} &\frac{\eta_1(T)}{E_0(T)}\ddot{\sigma} + \left[1 + \frac{E_1(T)}{E_0(T)} + \frac{\eta_1(T)}{\eta_2(T)}\,\mathrm{e}^{\alpha(T)t} \right]\dot{\sigma} \\ &+ \frac{\mathrm{e}^{\alpha(T)t}}{\eta_2(T)}\big[E_1(T) + \eta_1(T)\ \alpha(T) \big](\sigma - \sigma_s) = \eta_1(T)\ \ddot{\varepsilon} + E_1(T)\ \dot{\varepsilon} \end{aligned} \tag{6-17}$$

综上所述,T-VEP 蠕变模型的本构关系为:

$$
\begin{cases}
\eta_1(T)\ \dot{\sigma} + \left[E_0(T) + E_1(T)\right]\sigma = E_0(T)\eta_1(T)\ \dot{\varepsilon} + E_0(T)\ E_1(T)\ \varepsilon & 0 < \sigma < \sigma_s \\[2mm]
\dfrac{\eta_1(T)}{E_0(T)}\ \ddot{\sigma} + \left[1 + \dfrac{E_1(T)}{E_0(T)} + \dfrac{\eta_1(T)}{\eta_2(T)}\mathrm{e}^{\alpha(T)t}\right]\dot{\sigma} + \dfrac{\mathrm{e}^{\alpha(T)t}}{\eta_2(T)}\left[E_1(T) + \eta_1(T)\ \alpha(T)\right]\ \sigma - \sigma_s & \sigma \geqslant \sigma_s \\[2mm]
= \eta_1(T)\ \ddot{\varepsilon} + E_1(T)\ \dot{\varepsilon}
\end{cases}
$$

$$(6\text{-}18)$$

6.3.2 热黏弹塑性蠕变损伤模型的蠕变方程

6.3.2.1 一维应力下模型蠕变方程

(1)当$0 < \sigma < \sigma_s$时,本构方程如式(6-11)所示。

拉普拉斯变换常用于初始值问题,即已知某个物理量在初始时刻的值$f(0)$,求解它在初始时刻后的变化情况$f(t)$。这里的初始条件为$t=0$时$\varepsilon(t)=0$,可采用拉普拉斯变换与逆变换来对此微分方程进行求解,得到蠕变方程。

用s表示拉普拉斯变换复变量,通过拉普拉斯积分,定义原函数$f(t)$的拉普拉斯变换为:

$$
F(s) = L\left[f(t)\right] = \overline{f}(s) = \int_0^\infty f(t)\mathrm{e}^{-st}\mathrm{d}t \tag{6-19}
$$

得到的新函数$f(s)$为像函数。

依此,ε和$\dot{\varepsilon}$的拉普拉斯变换分别为:

$$
F(s) = L\left[\varepsilon(t)\right] \tag{6-20}
$$

$$
L\left[\dot{\varepsilon}(t)\right] = sF(s) \tag{6-21}
$$

对应力σ做拉普拉斯变换,得:

$$
L\left[\sigma(t)\right] = \frac{\sigma}{s} \tag{6-22}
$$

$$
L\left[\dot{\sigma}(t)\right] = sL\left[\sigma(t)\right] - \sigma(0) = \sigma \tag{6-23}
$$

因此,对式(6-11)做拉普拉斯变换,得:

$$
\eta_1(T)\ \sigma + \left[E_0(T) + E_1(T)\right]\frac{\sigma}{s} = E_0(T)\ \eta_1(T)\ sF(s) + E_0(T)\ E_1(T)\ F(s) \tag{6-24}
$$

整理并化简,得:

$$
F(s) = \frac{\sigma}{E_0(T)} \cdot \frac{1}{s} + \frac{\sigma}{E_1(T)}\left[\frac{1}{s} - \frac{1}{s + \dfrac{E_1(T)}{\eta_1(T)}}\right] \tag{6-25}
$$

对式(6-25)做拉普拉斯逆变换,得到ε随时间变化的关系式,即:

$$
\varepsilon(t) = \frac{\sigma}{E_0(T)} + \frac{\sigma}{E_1(T)}\left[1 - \mathrm{e}^{-\frac{E_1(T)}{\eta_1(T)}t}\right] \tag{6-26}
$$

由此可知当 $t \to \pm\infty$ 时，$\varepsilon(t) \to \sigma\left[\dfrac{1}{E_0(T)} + \dfrac{1}{E_1(T)}\right]$。

分别对式(6-26)中的 t 求一次和二次导数，得：

$$\dot{\varepsilon} = \frac{\sigma}{\eta_1(T)} e^{-\frac{E_1(T)}{\eta_1(T)}t} \tag{6-27}$$

$$\ddot{\varepsilon} = \frac{E_1(T)\,\sigma}{\eta_1(T)} e^{-\frac{E_1(T)}{\eta_1(T)}t} \tag{6-28}$$

在荷载作用下（$\sigma > 0$），蠕变各参数任意取值均有：

①若 $\dot{\varepsilon}(t) > 0$ 成立，则 $\varepsilon(t)$ 是对时间 t 的增函数，应变随时间推移而增大。

②若 $\ddot{\varepsilon}(t) < 0$ 恒成立，且 $\ddot{\varepsilon}(t)\big|_{t\to\infty} = 0$，说明 $\varepsilon(t)$ 随时间增长的幅度逐渐减小，最后趋于平缓。

（2）当 $\sigma \geqslant \sigma_s$ 时，总应变为热弹性体、热黏弹性体和热黏塑性体应变之和。相比于 $0 < \sigma < \sigma_s$ 时的应变，加上热黏塑性体应变即可得出总应变。式(6-13)已给出热黏塑性体本构方程，其积分为：

$$\varepsilon_{vp} = \frac{\sigma - \sigma_s}{\alpha(T)\eta_2(T)}\left[e^{\alpha(T)t} - 1\right] \tag{6-29}$$

因此，总应变为：

$$\varepsilon(t) = \frac{\sigma}{E_0(T)} + \frac{\sigma}{E_1(T)}\left[1 - e^{-\frac{E_1(T)}{\eta_1(T)}t}\right] + \frac{\sigma - \sigma_s}{\alpha(T)\,\eta_2(T)}\left[e^{\alpha(T)t} - 1\right] \tag{6-30}$$

当 $\alpha(T) \to 0$ 时，有：

$$\varepsilon(t) = \frac{\sigma}{E_0(T)} + \frac{\sigma}{E_1(T)}\left[1 - e^{-\frac{E_1(T)}{\eta_1(T)}t}\right] + \frac{\sigma - \sigma_s}{\eta_2(T)}t \tag{6-31}$$

即模型退化为经典西原模型，能完美地反映等速蠕变。

对式(6-30)中的 t 求导，得：

$$\dot{\varepsilon}(t) = \frac{\sigma}{\eta_1(T)} e^{-\frac{E_1(T)}{\eta_1(T)}t} \frac{\sigma - \sigma_s}{\eta_2(T)} e^{\alpha(T)t} \tag{6-32}$$

可见，$\dot{\varepsilon}(t) > 0$ 恒成立，说明 $\varepsilon(t)$ 是增函数，符合蠕变变形时效递增的规律。

对式(6-30)中的 t 求二次导数，得：

$$\ddot{\varepsilon}(t) = \sigma e^{\alpha(T)t}\left\{\frac{(\sigma - \sigma_s)\,\alpha(T)}{\sigma\eta_2(T)} - \frac{E_1(T)}{\eta_1^2(T)} e^{-\left[\frac{E_1(T)}{\eta_1(T)}t + \alpha(T)\right]t}\right\} \tag{6-33}$$

可简化为：

$$\ddot{\varepsilon}(t) = A(B - Ce^{-Dt}) \tag{6-34}$$

其中，A、B、C、D 均是正值，具体大小由 $\alpha(T)$、$E(T)$、$\eta(T)$ 决定。只要参数赋值恰当，$\ddot{\varepsilon}(t)$ 正负均有可能。对于岩石完整的蠕变三阶段（减速蠕变、等速蠕变、加速蠕变），存在以下关系：

$$\begin{cases} \ddot{\varepsilon}(t)<0 & \text{减速蠕变阶段} \\ \ddot{\varepsilon}(t)=0 & \text{等速蠕变阶段} \\ \ddot{\varepsilon}(t)>0 & \text{加速蠕变阶段} \end{cases} \tag{6-35}$$

因此，$\sigma \geq \sigma_s$ 时的方程式能够表达完整的蠕变三阶段规律。

综上所述，T-VEP蠕变模型符合花岗岩蠕变的基本规律，蠕变方程为：

$$\varepsilon(t)=\begin{cases} \dfrac{\sigma}{E_0(T)}+\dfrac{\sigma}{E_1(T)}\left[1-\mathrm{e}^{-\frac{E_1(T)}{\eta_1(T)}t}\right] & \sigma<\sigma_s \\ \dfrac{\sigma}{E_0(T)}+\dfrac{\sigma}{E_1(T)}\left[1-\mathrm{e}^{-\frac{E_1(T)}{\eta_1(T)}t}\right]+\dfrac{\sigma-\sigma_s}{\alpha(T)\eta_2(T)}\left[\mathrm{e}^{\alpha(T)t}-1\right] & \sigma\geq\sigma_s \end{cases} \tag{6-36}$$

6.3.2.2 三维应力下模型蠕变方程

对于围压、轴压同时存在的三轴应力状态，采用一维方程进行模拟和计算是不合理的。下面对三维蠕变方程进行推导。

假设热弹性体、热黏弹性体、热黏塑性体的应变分别为 ε_{ij}^e、ε_{ij}^{ve}、ε_{ij}^{vp}，模型总应变为：

$$\varepsilon=\varepsilon_{ij}^e+\varepsilon_{ij}^{ve}+\varepsilon_{ij}^{vp} \tag{6-37}$$

(1)对于热弹性体，应力 σ_{ij} 可分解为：

$$\sigma_{ij}=s_{ij}+\delta_{ij}\sigma_m \tag{6-38}$$

式中，s_{ij} 为偏应力张量，$\delta_{ij}\sigma_m$ 为球应力张量，δ_{ij} 为Kronecker符号。偏应力张量 s_{ij} 影响物体形状而不影响体积，球应力张量 $\delta_{ij}\sigma_m$ 只影响物体体积而不影响物体形状。

应变张量也可做如下分解：

$$\varepsilon_{ij}^e=e_{ij}+\delta_{ij}\varepsilon_m \tag{6-39}$$

式中，e_{ij} 为应变偏张量，$\delta_{ij}\varepsilon_m$ 为球应变张量。

广义胡克定律描述的热弹性体三维本构关系为：

$$\begin{cases} s_{ij}=2G_0(T)e_{ij} \\ \sigma_m=3K(T)\varepsilon_m \end{cases} \tag{6-40}$$

式中，G 和 K 分别表示剪切模量和体积模量。

依据弹性力学知识，弹性模量 E、剪切模量 G 和体积模量 K 之间的关系式为：

$$\begin{cases} G=\dfrac{E}{2(1+\mu)} \\ K=\dfrac{E}{3(1-2\mu)} \end{cases} \tag{6-41}$$

根据式(6-39)和式(6-40)可知，热弹性体的应变为：

$$\varepsilon_{ij}^e=\dfrac{1}{2G_0(T)}s_{ij}+\dfrac{1}{3K(T)}\delta_{ij}\sigma_m \tag{6-42}$$

(2)对于热黏弹性体，蠕变性质主要表现为剪切变形，球张量主要反映静水压力和体积变形，引起的蠕变可忽略不计，因而 σ_{ij} 等效于 s_{ij} 作用下的蠕变变形，可得三维应力下的热黏弹性体本构关系为：

$$\varepsilon_{ij}^{ve} = \frac{s_{ij}}{2G_1(T)}\left[1 - e^{-\frac{G_1(T)}{\eta_1(T)}t}\right] \tag{6-43}$$

(3)对于热黏塑性体，由于塑性元件存在影响，三维应力下必须选取适当的屈服准则和屈服函数，并考虑塑性流动法则。根据式(6-13)可知，三维应力下的热黏塑性体的本构关系为：

$$\dot{\varepsilon}_{ij}^{vp} = \frac{e^{\alpha(T)t}}{\eta_2(T)}\left\langle Y\left(\frac{F}{F_0}\right)\right\rangle\frac{\partial Q}{\partial \sigma_{ij}} \tag{6-44}$$

式中，F 为屈服函数，F_0 为初始状态屈服函数值，Q 为塑性势函数，$\langle\ \rangle$ 表示开关函数。

$$\left\langle Y\left(\frac{F}{F_0}\right)\right\rangle = \begin{cases} 0 & F<0 \\ Y\left(\dfrac{F}{F_0}\right) & F\geqslant 0 \end{cases} \tag{6-45}$$

式中，$Y()$ 为幂函数形，即 $Y\left(\dfrac{F}{F_0}\right) = \left(\dfrac{F}{F_0}\right)^x$，对于岩土材料通常取 $x=1$。

有学者提出，当 $F\geqslant 0$ 时，$F=Q$，式(6-45)可写为：

$$\dot{\varepsilon}_{ij}^{vp} = \frac{e^{\alpha(T)T}}{\eta_2(T)}\left(\frac{F}{F_0}\right)\frac{\partial F}{\partial \sigma_{ij}} \tag{6-46}$$

对式(6-46)积分，得：

$$\varepsilon_{ij}^{vp} = \int_0^t \frac{e^{\alpha(T)t}}{\eta_2(T)}\left(\frac{F}{F_0}\right)\frac{\partial F}{\partial \sigma_{ij}}\mathrm{d}t = \frac{1}{\eta_2(T)\alpha(T)}\left(\frac{F}{F_0}\right)\frac{\partial F}{\partial \sigma_{ij}}\left[e^{\alpha(T)t}-1\right] \tag{6-47}$$

根据 Tresca 屈服准则，屈服函数定义为：

$$F = \frac{1}{2}(\sigma_1 - \sigma_3) - \frac{\sigma_s}{2} \tag{6-48}$$

结合以上分析，三维应力下热黏弹塑性蠕变方程可写为：

$$\varepsilon_{ij} = \begin{cases} \dfrac{1}{2G_0(T)}s_{ij} + \dfrac{1}{3K(T)}\delta_{ij}\sigma_m + \dfrac{s_{ij}}{2G_1(T)}\left[1 - e^{-\frac{G_1(T)}{\eta_1(T)}t}\right] & F<0 \\[4mm] \dfrac{1}{2G_0(T)}s_{ij} + \dfrac{1}{3K(T)}\delta_{ij}\sigma_m + \dfrac{s_{ij}}{2G_1(T)}\left[1 - e^{-\frac{G_1(T)}{\eta_1(T)}t}\right] + \dfrac{e^{\alpha(T)t}-1}{\eta_2(T)\alpha(T)}\left(\dfrac{F}{F_0}\right)\dfrac{\partial F}{\partial \sigma_{ij}} & F\geqslant 0 \end{cases} \tag{6-49}$$

根据式(6-49)可得到三轴应力下轴向和横向蠕变方程式的解析解。

令式(6-49)中的 $i=j=1$，三向应力分别为 σ_1、σ_2、σ_3，且 $\sigma_2 = \sigma_3$，于是有：

$$\sigma_m = \frac{1}{3}(\sigma_1 + 2\sigma_3) \tag{6-50}$$

$$s_{11} = \sigma_1 - \sigma_m = \frac{2}{3}(\sigma_1 - \sigma_3) \tag{6-51}$$

令初始屈服函数 $F_0 = 1$，则：

$$\left(\frac{F}{F_0}\right)\frac{\partial F}{\partial \sigma_{ij}}\Bigg|_{\substack{F_0=1 \\ i=j=1}} = F\frac{\partial\left[\frac{1}{2}\left(\sigma_1-\sigma_3-\sigma_s\right)\right]}{\partial \sigma_1} = \frac{1}{4}\left(\sigma_1-\sigma_3-\sigma_s\right) \qquad (6\text{-}52)$$

将式(6-50)至式(6-52)代入式(6-49),整理得三轴应力下模型轴向蠕变方程为:

$$\varepsilon_1 = \begin{cases} \dfrac{\sigma_1-\sigma_3}{3G_0(T)} + \dfrac{\sigma_1+2\sigma_3}{9K(T)} + \dfrac{\sigma_1-\sigma_3}{3G_1(T)}\left[1-\mathrm{e}^{-\frac{G_1(T)}{\eta_1(T)}t}\right] & \sigma_1-\sigma_3 < \sigma_s \\[4mm] \dfrac{\sigma_1-\sigma_3}{3G_0(T)} + \dfrac{\sigma_1+2\sigma_3}{9K(T)} + \dfrac{\sigma_1-\sigma_3}{3G_1(T)}\left[1-\mathrm{e}^{-\frac{G_1(T)}{\eta_1(T)}t}\right] + \dfrac{\sigma_1-\sigma_3-\sigma_s}{4\alpha(T)\eta_2(T)}\left[\mathrm{e}^{\alpha(T)t}-1\right] & \sigma_1-\sigma_3 \geqslant \sigma_s \end{cases}$$

$$(6\text{-}53)$$

采用相同方法,令式(6-49)中的 $i=j=3$,有:

$$s_{33} = \sigma_3 - \sigma_m = \frac{1}{3}\left(\sigma_3-\sigma_1\right) \qquad (6\text{-}54)$$

得到模型横向蠕变方程,即:

$$\varepsilon_3 = \begin{cases} \dfrac{\sigma_3-\sigma_1}{6G_0(T)} + \dfrac{\sigma_1+2\sigma_3}{9K(T)} + \dfrac{\sigma_1-\sigma_3}{3G_1(T)}\left[1-\mathrm{e}^{-\frac{G_1(T)}{\eta_1(T)}t}\right] & \sigma_1-\sigma_3 < \sigma_s \\[4mm] \dfrac{\sigma_3-\sigma_1}{6G_0(T)} + \dfrac{\sigma_1+2\sigma_3}{9K(T)} + \dfrac{\sigma_1-\sigma_3}{3G_1(T)}\left[1-\mathrm{e}^{-\frac{G_1(T)}{\eta_1(T)}t}\right] - \dfrac{\sigma_1-\sigma_3-\sigma_s}{4\alpha'(T)\eta_2'(T)}\left[\mathrm{e}^{\alpha(T)t}-1\right] & \sigma_1-\sigma_3 \geqslant \sigma_s \end{cases}$$

$$(6\text{-}55)$$

6.4 蠕变参数反演

最小二乘法是常用的蠕变参数拟合方法之一,其原理是通过寻求目标函数的最小化误差的平方和来寻找最优解。对于这里的非线性问题,可以利用非线性的优化算法进行迭代求解。

设非线性函数 $y=f(t)$,含参数 $x_i(i=1, 2, \cdots, n)$,函数可记为:

$$y=f(t, x) \qquad (6\text{-}56)$$

其中待反演参数为:

$$x=(x_1, x_2, \cdots, x_n) \qquad (6\text{-}57)$$

显然,当 t 取定观测值时,$y=f(t_i,x)$ 为 x 的非线性函数。现在的问题是确定 x,使得 $y=f(t, x)$ 在最小平方逼近意义下拟合于 m 组观测数据 (t_i, y_i), $i=1, 2, \cdots, m$,即求解极小化问题。

$$\min S(x)=\sum_{i=1}^{m}\left[y(t_i, x)-y_i\right]^2 \qquad (6\text{-}58)$$

对于非线性问题,需要利用优化算法进行最小二乘法的求解。目前使用比较广泛的非线性优化算法包括 Gauss-Newton 算法(G-N 算法)、修正的 G-N 算法(Hartley 方法)和

Levenberg-Marquarat算法(L-M算法),下面着重对L-M算法进行介绍。

L-M算法是介于牛顿法与梯度下降法之间的一种改进非线性优化算法,采用适当增加对角元 $\boldsymbol{A}^T\boldsymbol{A}$ 的方法,克服了奇异矩阵迭代无法继续的缺点,使迭代不会陷入死循环;对于过参数化问题不敏感,能有效地处理冗余参数问题,使函数陷入局部死循环的机会大大减小,且收敛速度快。

在T-VEP模型的三维蠕变方程中,观测数据 ε、σ、t 已知,待反演参数为:

$$x=(G_0,\ K,\ G_1,\ \eta_1,\ \eta_2,\ \alpha)^T \tag{6-59}$$

k 次迭代过程后的参数可写为:

$$x^{(k)}=(G_0^{(k)},\ K^{(k)},\ G_1^{(k)},\ \eta_1^{(k)},\ \eta_2^{(k)},\ \alpha^{(k)})^T \tag{6-60}$$

计算步骤如下:

(1)给定初始点 $x^{(1)}$,初始参数 $\mu_1 > 0$,增长因子 $\beta > 0$,允许误差 $\varepsilon > 0$。

(2)计算。

$$f^{(k)}=(f_1(x^{(k)}),\ \cdots,\ f_m(x^{(k)}))^T \tag{6-61}$$

$$S^{(k)}=f^{(k)T}f^k \tag{6-62}$$

$$\boldsymbol{A}_k=\begin{bmatrix} \dfrac{\partial f_1(x^{(k)})}{\partial G_0^{(k)}} & \dfrac{\partial f_1(x^{(k)})}{\partial K^{(k)}} & \dfrac{\partial f_1(x^{(k)})}{\partial G_1^{(k)}} & \dfrac{\partial f_1(x^{(k)})}{\partial \eta_1^{(k)}} & \dfrac{\partial f_1(x^{(k)})}{\partial \eta_2^{(k)}} & \dfrac{\partial f_1(x^{(k)})}{\partial \alpha^{(k)}} \\ \vdots & \vdots & \vdots & \vdots & \vdots & \vdots \\ \dfrac{\partial f_m(x^{(k)})}{\partial G_0^{(k)}} & \dfrac{\partial f_m(x^{(k)})}{\partial K^{(k)}} & \dfrac{\partial f_m(x^{(k)})}{\partial G_1^{(k)}} & \dfrac{\partial f_m(x^{(k)})}{\partial \eta_1^{(k)}} & \dfrac{\partial f_m(x^{(k)})}{\partial \eta_2^{(k)}} & \dfrac{\partial f_m(x^{(k)})}{\partial \alpha^{(k)}} \end{bmatrix} \tag{6-63}$$

(3)解方程。

$$(\boldsymbol{A}_k^T\boldsymbol{A}_k+\mu_k I)d^{(k)}=-\boldsymbol{A}_k^T f^{(k)} \tag{6-64}$$

其中,$\boldsymbol{I}$ 为 n 阶单位矩阵,求得 $d^{(k)}$。

(4)计算。

$$x^{(k+1)}=x^{(k)}+d^{(k)} \tag{6-65}$$

$$f^{(k+1)}=(f_1(x^{(k+1)}),\ \cdots,\ f_m(x^{(k+1)}))^T \tag{6-66}$$

(5)若 $\|\boldsymbol{A}_k^T f^{(k)}\| \leqslant \varepsilon$,则停止计算,得到解 $x^{(k)}$,否则继续。

(6)计算。

$$S^{(k+1)}=f^{(k+1)T}f^{(k+1)} \tag{6-67}$$

若 $S^{(k+1)} < S^{(k)}$,则令 $\mu_{k+1}=\dfrac{\mu_k}{\beta}$,继续;否则令 $\mu_k=\beta\mu_k$,转回步骤(3)。

(7)令 $k=k+1$,转回步骤(3)。

算法中的初始参数 μ_1 和因子 β 应取适当数值,这里根据经验取 $\mu_1=0.01$,$\beta=5$,ε 应在 $0 \sim 1$ 中选取。

算法的流程图如图6-3所示。

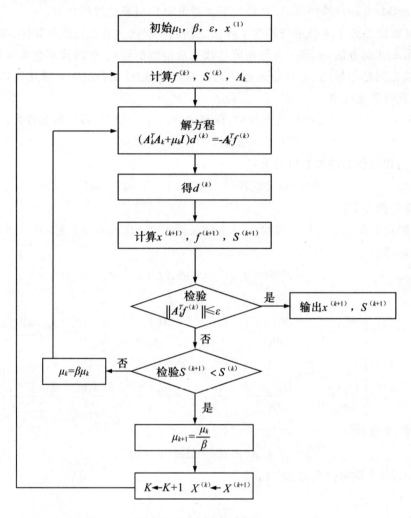

图 6-3　L-M 算法流程图

本章基于 T-VEP 模型,采用 L-M 算法,对不同温度、轴压、围压条件下的花岗岩蠕变试验结果进行参数的计算。

6.5　模型验证

6.5.1　考虑轴向蠕变时的模型验证

根据三维应力状态下的模型蠕变方程,σ_s 值取为长期强度,对围压 10 MPa、20 MPa、30 MPa 和温度 25 ℃、50 ℃、70 ℃的轴向变形数据进行参数反演,计算得到蠕变参数,如表 6-1 至表 6-9 所示。

表6-1　围压10 MPa、温度25 ℃时反演的蠕变参数

偏应力($\sigma_1-\sigma_3$)/MPa	K/GPa	G_0/GPa	G_1/GPa	η_1/(GPa·h)	η_2/(GPa·h)	α
40	29.46	19.45	821.16	6841.51		
60	30.04	18.65	612.67	962.89		
80	30.56	17.45	1073.22	4169.98		
100	31.35	17.17	904.27	392.30		
120	37.59	15.16	3436.05	1131.31	3075.76	0.03
140	39.59	14.85	1123.25	1499.49	1916.42	0.05
160	50.65	14.07	583.54	673.16	1964.21	0.04
180	62.48	13.00	225.32	471.69	3028.79	0.05

表6-2　围压10 MPa、温度50 ℃时反演的蠕变参数

偏应力($\sigma_1-\sigma_3$)/MPa	K/GPa	G_0/GPa	G_1/GPa	η_1/(GPa·h)	η_2/(GPa·h)	α
100	32.16	15.52	224.34	906.50		
120	46.57	14.40	2810.34	1623.46	637.65	0.02
140	53.12	13.06	2811.81	4891.35	2190.97	0.01
150	52.08	13.00	2638.98	2642.66	1193.00	0.03
160	71.25	12.46	482.44	826.22	173.89	0.04

表6-3　围压10 MPa、温度70 ℃时反演的蠕变参数

偏应力($\sigma_1-\sigma_3$)/MPa	K/GPa	G_0/GPa	G_1/GPa	η_1/(GPa·h)	η_2/(GPa·h)	α
80	24.96	12.91	85.76	50.34		
100	45.58	10.19	112.05	5673.44	96.78	0.03
120	85.47	6.26	1481.22	5006.47	103.51	0.19

表 6-4　围压 20 MPa、温度 25 ℃时反演的蠕变参数

偏应力($\sigma_1-\sigma_3$)/MPa	K/GPa	G_0/GPa	G_1/GPa	η_1/(GPa·h)	η_2/(GPa·h)	α
120	41.71	15.69	3612.17	182.24		
140	54.41	15.34	1196.30	2793.10		
160	58.80	14.97	1316.42	6946.97		
180	67.04	14.61	1197.90	637.76		
200	96.07	14.15	847.21	365.45		
220	121.16	13.72	1118.02	1657.04	828.30	.0.05
240	178.22	13.01	1074.26	1438.30	1043.22	0.06
260	194.65	12.25	212.88	913.03	8150.68	0.18

表 6-5　围压 20 MPa、温度 50 ℃时反演的蠕变参数

偏应力($\sigma_1-\sigma_3$)/MPa	K/GPa	G_0/GPa	G_1/GPa	η_1/(GPa·h)	η_2/(GPa·h)	α
120	37.83	13.23	1969.65	2878.08		
140	47.16	13.11	801.39	3009.61		
160	56.21	12.79	370.25	4169.02		
180	58.19	12.57	742.73	1749.30		
200	57.56	12.02	532.22	661.31	705.14	0.05

表 6-6　围压 20 MPa、温度 70 ℃时反演的蠕变参数

偏应力($\sigma_1-\sigma_3$)/MPa	K/GPa	G_0/GPa	G_1/GPa	η_1/(GPa·h)	η_2/(GPa·h)	α
120	25.11	11.64	583.12	5292.06		
140	23.38	12.11	320.15	3846.84		
160	24.71	11.92	250.14	3110.11		
180	28.59	11.66	318.27	4613.92	233.72	0.08
200	42.63	10.79	350.04	7575.47	261.72	0.04

表 6-7　围压 30 MPa、温度 25 ℃时反演的蠕变参数

偏应力($\sigma_1-\sigma_3$)/MPa	K/GPa	G_0/GPa	G_1/GPa	η_1/(GPa·h)	η_2/(GPa·h)	α
160	61.01	25.76	1543.58	864.58		

续表

偏应力$(\sigma_1-\sigma_3)/$MPa	K/GPa	G_0/GPa	G_1/GPa	η_1/(GPa·h)	η_2/(GPa·h)	α
180	72.33	25.35	2772.58	1408.31		
200	103.91	24.09	526.66	733.32		
220	106.18	22.74	1581.06	1452.08		
240	132.00	22.29	1148.92	280.21		
260	293.51	21.30	341.16	156.98	896.42	0.84
280	307.84	16.57	640.13	2304.30	230.61	0.01

表6-8　围压30 MPa、温度50 ℃时反演的蠕变参数

偏应力$(\sigma_1-\sigma_3)/$MPa	K/GPa	G_0/GPa	G_1/GPa	η_1/(GPa·h)	η_2/(GPa·h)	α
160	52.05	17.77	873.28	2638.45		
180	62.39	16.30	595.55	2652.61		
200	76.07	15.60	482.54	3280.60		
220	100.15	14.92	408.04	3005.52		
240	128.99	14.03	897.65	1225.97	337.55	0.04
260	276.46	13.24	321.16	186.98	190.37	0.80

表6-9　围压30 MPa、温度70 ℃时反演的蠕变参数

偏应力$(\sigma_1-\sigma_3)/$MPa	K/GPa	G_0/GPa	G_1/GPa	η_1/(GPa·h)	η_2/(GPa·h)	α
160	36.88	13.57	843.60	23309.02		
180	41.49	13.59	541.48	16198.71		
200	51.28	13.10	239.23	4320.36		
220	74.52	12.45	384.48	10192.01		
240	111.74	11.93	515.83	2748.74	160.42	0.05
260	173.90	10.98	286.04	557.90	91.05	0.05

由表6-1至表6-9可以看出：

(1)当温度保持不变时,应力增大,体积模量K增大,瞬时剪切模量G_0减小,而G_1、η_1、η_2并无明显变化规律可循。

(2)体积模量K和瞬时剪切模量G_0的变化规律说明,应力对瞬时变形的影响十分明显,且应力越大,越容易发生瞬时变形,弹性体体积越难发生变化,符合弹性力学的基本规律。

将计算出的参数代入模型蠕变方程,得到理论计算曲线并与试验测试结果进行比

较,如图6-4所示。

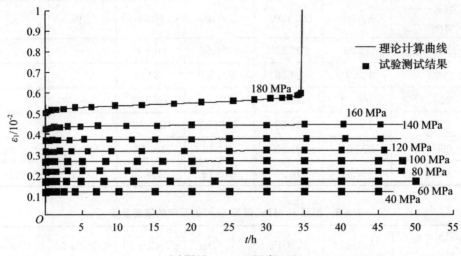

(a)围压10 MPa、温度25 ℃

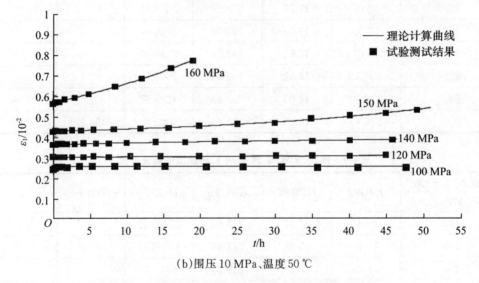

(b)围压10 MPa、温度50 ℃

图6-4　花岗岩轴向变形试验值和理论计算曲线(一)

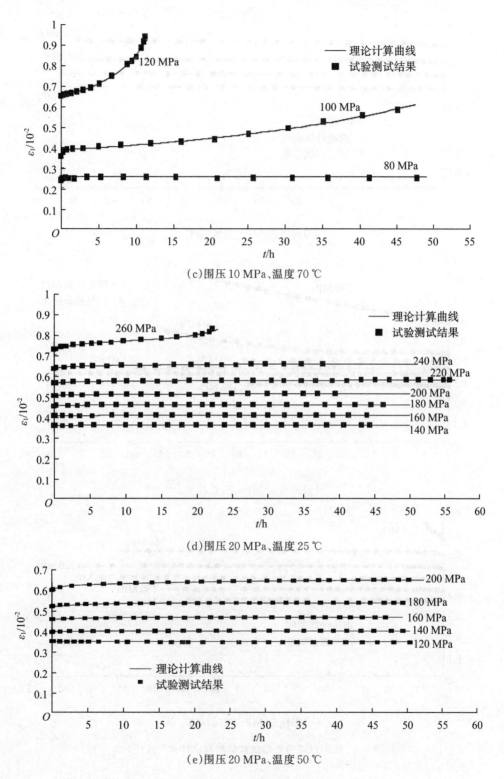

(c)围压 10 MPa、温度 70 ℃

(d)围压 20 MPa、温度 25 ℃

(e)围压 20 MPa、温度 50 ℃

图 6-4 花岗岩轴向变形试验值和理论计算曲线(二)

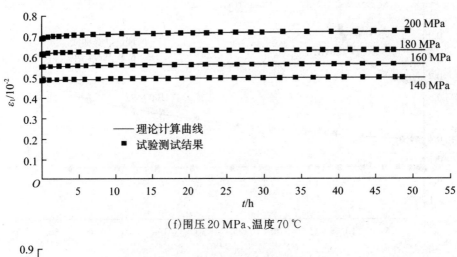

(f)围压 20 MPa、温度 70 ℃

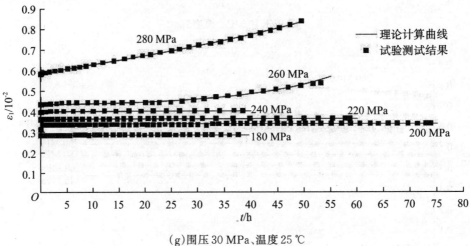

(g)围压 30 MPa、温度 25 ℃

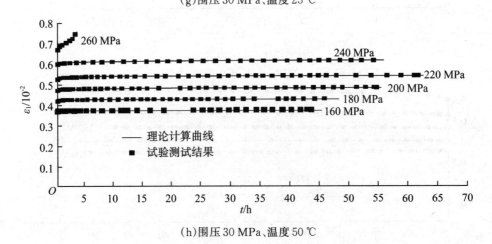

(h)围压 30 MPa、温度 50 ℃

图 6-4 花岗岩轴向变形试验值和理论计算曲线(三)

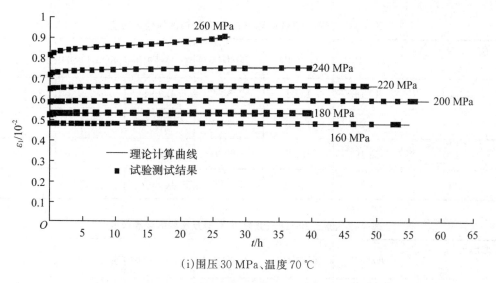

(i)围压 30 MPa、温度 70 ℃

图6-4 花岗岩轴向变形试验值和理论计算曲线(四)

由图6-4可以看出,轴向理论计算曲线与试验测试结果较符合,模型能够很好地反映岩石轴向变形规律。

6.5.2 考虑横向蠕变时的模型验证

为了对模型作进一步的验证,本节将围压 20 MPa 作为典型试验,对横向蠕变试验结果进行了蠕变参数的计算,参数反演结果如表6-10至表6-12所示。横向变形理论计算曲线与试验测试结果如图6-5所示。

表6-10 围压 20 MPa、温度 25 ℃ 时反演的蠕变参数值

偏应力$(\sigma_1 - \sigma_3)$/MPa	K/GPa	G_0/GPa	G_1/GPa	η_1/(GPa·h)	η_2/(GPa·h)	α
120	41.71	15.69	122.06	6678.10		
140	54.41	15.34	298.34	4767.93		
160	58.80	14.97	429.72	1238.03		
180	67.04	14.61	325.53	154.86		
200	96.07	14.15	232.96	71.06		
220	121.16	13.72	282.70	466.12	480.70	0.04
240	178.22	13.01	187.10	251.72	375.89	0.05
260	194.65	12.25	33.78	158.22	2297.12	0.17

表 6-11　围压 20 MPa、温度 50 ℃时反演的蠕变参数值

偏应力($\sigma_1-\sigma_3$)/MPa	K/GPa	G_0/GPa	G_1/GPa	η_1/(GPa·h)	η_2/(GPa·h)	α
140	47.16	13.11	235.24	489.91		
160	56.21	12.79	196.08	1266.53		
180	58.19	12.57	198.30	539.82		
200	57.56	12.02	131.96	169.07	346.73	0.04

表 6-12　围压 20 MPa、温度 70 ℃时反演的蠕变参数值

偏应力($\sigma_1-\sigma_3$)/MPa	K/GPa	G_0/GPa	G_1/GPa	η_1/(GPa·h)	η_2/(GPa·h)	α
140	23.38	12.11	150.16	2058.94		
160	24.71	11.92	119.62	4803.46		
180	28.59	11.66	78.16	2564.05	190.36	0.05
200	42.63	10.79	70.28	1948.28	103.36	0.04

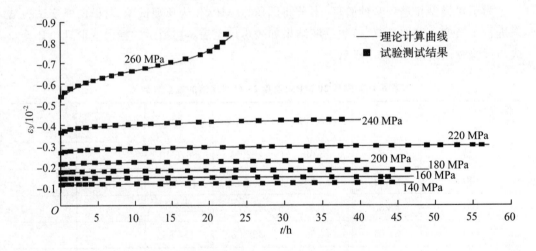

(a)围压 20 MPa、温度 25 ℃

图 6-5　花岗岩横向变形试验值和理论计算曲线(一)

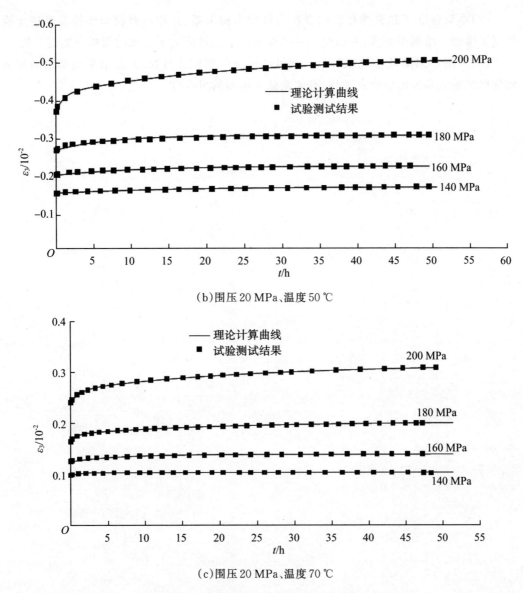

(b)围压20 MPa、温度50 ℃

(c)围压20 MPa、温度70 ℃

图6-5　花岗岩横向变形试验值和理论计算曲线(二)

由图6-5可以看出,花岗岩横向变形的理论计算曲线和试验结果拟合较为理想,进一步验证了T-VEP蠕变模型的可靠性。

6.6　小　结

(1)根据不同温度下片麻花岗岩蠕变特征,通过对黏性元件的改造,并考虑温度影响下蠕变参数的变化,本章建立了花岗岩的热黏弹塑性蠕变损伤模型。

（2）本章建立了热黏弹塑性蠕变损伤模型本构关系，运用拉普拉斯变换及其逆变换得到了模型一维蠕变方程，并以此为基础推导出了三轴应力下的轴向和横向蠕变方程。

（3）采用L-M非线性优化最小二乘算法反演得到蠕变参数，验证结果表明轴向和横向变形试验值和理论值吻合度高，有效验证了模型的可靠性。

第7章 深埋硬岩卸荷非线性蠕变模型

7.1 引 言

本章采用非线性元件理论、分数阶微积分理论以及损伤力学理论对深埋硬岩的卸荷非线性蠕变模型进行系统研究,建立深埋硬岩卸荷非线性蠕变模型。

7.2 深埋硬岩卸荷蠕变特征分析

为了研究深埋硬岩(花岗岩)卸荷蠕变特征,根据试验结果获取了典型的硬岩卸荷试验蠕变曲线,如图7-1所示。

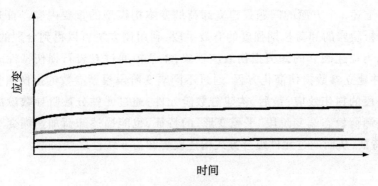

图7-1 深埋硬岩典型卸荷试验蠕变曲线

分析图7-1中的深埋硬岩各级卸荷蠕变曲线变化特征可以发现:

(1)在各级应力水平下,卸荷瞬间都会产生瞬时弹性应变。

(2)应力水平保持不变时,岩石的蠕变表现出时效变形的特征,应变随着时间的增加而增大。

（3）当应力水平较低时,岩石蠕变应变随时间减速增长,表现为减速蠕变特性;当应力水平较高时,岩石蠕变应变随时间稳速增长,表现为稳定蠕变特性;当应力水平达到岩石的屈服强度(或长期强度)时,岩石蠕变应变随时间加速增长,表现为加速蠕变特性。

硬岩卸荷蠕变试验曲线特征分析表明,岩石卸荷蠕变变形包含瞬时变形、减速蠕变变形、稳态蠕变变形和加速蠕变变形。当应力水平低于长期强度时,硬岩表现为典型的黏弹性特性,卸荷蠕变模型应包含弹性元件和黏性元件;当应力水平超过长期强度达到破裂应力水平时,硬岩表现为典型的黏塑性特征,卸荷蠕变模型应包含弹性元件、黏性元件和塑性元件。但是,由于硬岩卸荷蠕变具有与加载蠕变不同的特性,所以在构建合理的卸荷非线性蠕变模型过程中还需要进一步弄清并解决以下问题：

（1）卸荷时岩石更易发生蠕变,蠕变阈值更低,一旦应力水平达到蠕变阈值,岩石将发生明显的卸荷扩容现象。因此,合理确定岩石蠕变长期强度是解决问题的关键,而本章提出的蠕变速率交点法成为解决该问题的有效手段。

（2）岩石的卸荷损伤效应贯穿整个卸荷蠕变过程。由卸荷破坏机制分析可知,岩石卸荷开始即产生损伤,当应力水平超过某个应力状态时,裂隙发展更快,损伤效应更为明显。因此,在描述不同卸荷蠕变阶段特征时要考虑损伤效应,并且在非稳定蠕变阶段应加大损伤比重。

（3）卸荷加速蠕变阶段扩容现象比加载蠕变更为明显,速率增加更快,变形增加更大。因此,需要构建一个能够合理反映卸荷加速蠕变特性的元件模型,该元件模型能够清楚地描述卸荷蠕变"扩容现象更为明显"的特征。

（4）卸荷稳态蠕变阶段又表现出与加速蠕变阶段不同的变形特征,因此,需要一个既能反映卸荷稳态蠕变阶段"平稳变形"的特征,又能体现出其与加速蠕变阶段不同特征的元件模型。

解决好上述4个方面的问题是建立卸荷蠕变本构模型的重要内容。首先,蠕变速率交点法是分析硬岩的卸荷长期强度的有效手段,利用该方法可以得到合理的长期强度临界值;其次,为描述硬岩的卸荷损伤效应现象,本章拟通过对岩石损伤特性的分析,定义损伤变量,并建立参数损伤演化方程,通过不同蠕变阶段模型参数的损伤演化,反映岩石不同卸荷阶段的损伤效应;最后,构建分数阶元件,通过元件分数阶导数阶次的变化,不仅能够反映卸荷稳态蠕变阶段"平稳变形"的特征,也能描述卸荷加速蠕变"扩容现象更为明显"的特征,从而通过元件组合方式构建硬岩卸荷非线性蠕变模型。

7.3　损伤特性分析

试验研究证明,由于岩石材料的非均质性,外荷载的持续作用将导致岩石材料的损伤劣化。岩石材料在蠕变过程中会发生损伤,并且随着时间的增加,岩石内部损伤逐渐积累、增大,直至岩石发生蠕变破坏。岩石材料的弹性模量、强度和黏性等参数都会随着时间的增长而降低,岩石材料的这种劣化行为可以借助损伤因子来表征。用损伤演化方程来描述岩石内部损伤时某些蠕变力学参数随时间的弱化过程,能够更加直接而客观地反映岩体的时效非线性变形特征。如,早在1986年,威亚路(Vyalov)就提出了Bingham模型中的"黏壶"的黏滞系数是时间和应力水平的表达式;王可钧认为预测高坝边坡岩体的最终变形应考虑岩石力学参数的时间相关性;吕爱钟建立的非定常黏弹性模型考虑了参数的时间相关性。

超声波探伤试验被认为是研究岩石内部结构损伤演化的有效手段。依托德国的盐岩蠕变超声波试验,研究损伤变量D随加载时间的函数关系式。试验获取的超声波数据如图7-2所示。

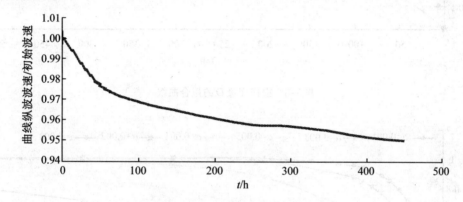

图7-2　岩石超声波试验的纵波波速

基于试验中的纵波波速,损伤变量可定义为:

$$D = 1 - \frac{1}{1 + \varepsilon_v v_0} \frac{v_p}{v_0} \tag{7-1}$$

式中,ε_v为体积应变,v_p为纵波波速,v_0为初始波速。

图7-3即为基于式(7-1)计算获得的损伤变量拟合曲线,可由含负指数形式的函数表征:

$$D = 1 - e^{-\alpha t} \tag{7-2}$$

式中,α为与岩石材料相关的系数。

图7-4为α取不同值时,损伤变量D的变化曲线。可见,α取值越大,相同时间内岩石材料的损伤越大。分析卸荷蠕变试验结果可知,随着卸荷偏应力水平的不断增大,硬岩的卸荷损伤效应也越来越大。在加速蠕变阶段,损伤效应加快了裂隙的发展贯通,对破坏的促进作用更为明显。因此,构建卸荷蠕变本构模型时,不同卸荷蠕变阶段的损伤效应应区别对待。在衰减蠕变阶段和稳态蠕变阶段,由于岩样较为稳定,损伤程度较低,系数α取值应较小;在加速蠕变阶段,岩样处于不稳定状态,损伤程度较大,系数α取值应较大。

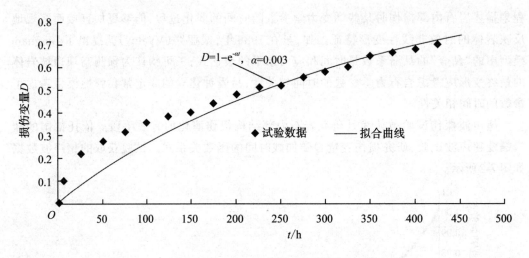

图 7-3　损伤变量 D 的拟合曲线

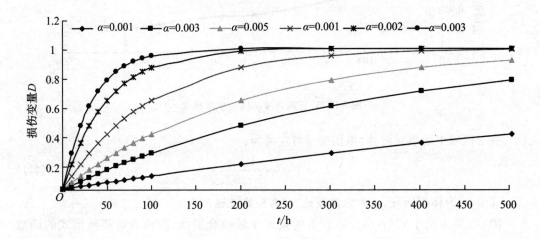

图 7-4　损伤变量 D 随 α 的变化曲线

假设岩石材料为各项同性,那么岩石材料任一参数的蠕变损伤规律相同,其损伤演化方程可表示为:

$$\begin{cases} \eta_1^{\beta'}(t)=(1-D)\eta_1^{\beta}=\mathrm{e}^{-\alpha t}\eta_1^{\beta} \\ \eta_1^{\gamma'}(t)=(1-D)\eta_1^{\gamma}=\mathrm{e}^{-\alpha t}\eta_1^{\gamma} \\ E_0'(t)=(1-D)E_0=\mathrm{e}^{-\alpha t}E_0 \\ E_1'(t)=(1-D)E_1=\mathrm{e}^{-\alpha t}E_1 \end{cases} \tag{7-3}$$

在这里,系数 α 也应根据不同蠕变阶段进行不同的取值。

7.4　卸荷蠕变组合元件分析

一般地,复杂黏弹性材料的应力、应变等都具有记忆特性,弹性固体的胡克定律和黏性流体的牛顿定律都无法准确地描述这个特征。实际上,复杂黏弹性材料是介于理想弹性和黏性之间的介质,相当于无限多个黏性和弹性元件的组合。因此,采用整数阶力学模型模拟黏弹性材料的本构关系时,往往要增加多个元件才能较好地与试验相符,而分数阶导数克服了传统整数阶微分模型描述一些复杂物理和力学过程时理论与试验结果吻合不好的缺点,其使用较少的参数就可获得较好的效果。

在基础数学研究和工程应用研究中,主要有4种类型的常用分数阶微积分定义:Riemann-Liouville 型、Grünwaid-Letnikov 型、Caputo 型和 Riesz 型。Riemann-Liouville 型定义采用微分-积分形式,避免了极限求解,在数学理论研究中发挥着重要作用。Grünwaid-Letnikov 型定义是差分格式,可以看成整数阶微积分差分定义的极限形式推广。相比 Riemann-Liouville 型而言,该定义在数学理论分析中的应用较少,而在微分方程理论和数值计算中的应用较多。Caputo 型定义的初始条件以整数阶微积分的形式表示,解决了 Riemann-Liouville 型定义中的分数阶初值问题,因而在建模过程中得到了广泛应用。空间分数阶拉普拉斯算子是一类特殊的空间分数阶导数,通过一个奇异的卷积分来定义,但要求保证同经典的整数阶拉普拉斯算子一样的正定性。

最常用的分数阶微积分算子理论是 Riemann-Liouville 型定义,对于在 $(0, +\infty)$ 上连续且在 $[0, +\infty]$ 可积的函数 $f(t)$,其 β 阶分数阶积分定义如下:

$$\frac{\mathrm{d}^{-\beta}[f(t)]}{\mathrm{d}t^{-\beta}} = {}_{t0}D_t^{-\beta}f(t) = \frac{1}{\Gamma(\beta)}\int_{t_0}^t (t-\tau)^{\beta-1}f(\tau)\mathrm{d}\tau \tag{7-4}$$

函数 $f(t)$ 的 Riemann-Liouville 型分数阶导数可视为其分数阶积分的逆运算。设 $f \in C$,n 是大于 β 的最小整数,则函数 $f(t)$ 的分数阶导数可定义为:

$$\frac{\mathrm{d}^{\beta}[f(t)]}{\mathrm{d}t^{\beta}} = {}_{t0}D_t^{\beta}f(t) = \frac{\mathrm{d}^n}{\mathrm{d}t^n}[{}_{t0}D_t^{-(n-\beta)}f(t)] = \frac{\mathrm{d}^n}{\mathrm{d}t^n}\left\{\frac{\mathrm{d}^{-(n-\beta)}[f(t)]}{\mathrm{d}t^{-(n-\beta)}}\right\} \tag{7-5}$$

式中,$\beta > 0$,且 $(n-1) < \beta \leqslant n$($n$ 为正整数);${}_{t0}D_t^{-\beta}$ 和 ${}_{t0}D_t^{\beta}$ 分别为分数阶积分和微分算子;$G = \dfrac{E}{2(1+v)}$,$K = \dfrac{E}{3(1-2v)}$,为 Gamma 函数。

分数阶微积分的拉普拉斯变换公式为:

$$L[{}_{t0}D_t^{-\beta}f(t), p] = p^{-\beta}\bar{f}(p) \qquad \beta > 0 \tag{7-6}$$

$$L[{}_{t0}D_t^{\beta}f(t), p] = p^{\beta}\bar{f}(p) \tag{7-7}$$

式中,$f(t)$ 在 $t=0$ 附近可积,$0 \leqslant \beta \leqslant 1$;$\bar{f}(p)$ 为 $f(t)$ 的拉普拉斯变换。

7.4.1 分数阶黏滞体

胡克定律认为理想弹性固体的本构关系为 $\sigma(t)\sim\mathrm{d}^0\varepsilon(t)/\mathrm{d}t^0$，牛顿定律认为理想黏性流体的本构关系为 $\sigma(t)\sim\mathrm{d}^1\varepsilon(t)/\mathrm{d}t^1$，那么，我们有充分的理由认为本构关系 $\sigma(t)\sim\mathrm{d}^\beta\varepsilon(t)/\mathrm{d}t^\beta(0\leqslant\beta\leqslant1)$ 符合介于理想弹性固体和理想黏性流体之间的黏弹性体的力学性质。β 取边值时描述黏性和弹性两个极限状态，即：$\beta=1$ 时，该元件代表理想流体；$\beta=0$ 时，该元件代表理想固体；$0<\beta<1$ 时，该元件代表处于理想流体和理想固体之间的某种状态的物体，称为分数阶黏滞体，如图 7-5 所示。

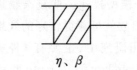

$$\eta、\beta$$

图 7-5　分数阶黏滞体

分数阶黏滞体元件的本构关系为：

$$\sigma(t)=\eta\frac{\mathrm{d}^\beta\varepsilon(t)}{\mathrm{d}t^\beta} \qquad 0<\beta<1 \qquad (7\text{-}8)$$

式中，η 为分数阶黏滞系数，其物理量纲为[应力·时间$^\beta$]；β 为分数阶黏滞体的分数阶导数阶次。

当应力保持不变时，即在 $\sigma(t)$ 为常数的情况下，分数阶黏滞体元件将描述材料蠕变行为的蠕变。根据 Riemann-Liouville 型分数阶微积分算子理论，对式(7-8)左右两侧进行分数阶积分，可得分数阶黏滞体的蠕变方程为：

$$\varepsilon(t)=\frac{\sigma}{\eta}\frac{t^\beta}{\varGamma(1+\beta)} \qquad 0<\beta<1 \qquad (7\text{-}9)$$

取参数值 $\sigma=60\,\mathrm{MPa}$，$\eta=4000\,\mathrm{MPa\cdot h}$，根据式(7-9)可得出分数阶黏滞体在应力保持不变、β 取值不同时材料的蠕变曲线，如图 7-6 所示。可以看出，分数阶黏滞体在应力保持不变的情况下，材料的蠕变随时间呈非线性缓慢增加。当 β 取值较小时，模型蠕变量也较小；当 β 逐渐增大时，相同时刻的蠕变量也逐渐增大。因而，对于蠕变性质不同的岩石材料，分数阶黏滞体通过调整自身 β 值(也就是分数阶导数阶次的大小)能够较好地反映材料蠕变的非线性渐变过程。

当 $\varepsilon(t)$ 为常数时，分数阶黏滞体将描述材料蠕变行为的应力松弛，由式(7-9)推导出类黏滞体的应力松弛方程为：

$$\sigma(t)=\eta\varepsilon\frac{t^{-\beta}}{\varGamma(1-\beta)} \qquad 0<\beta<1 \qquad (7\text{-}10)$$

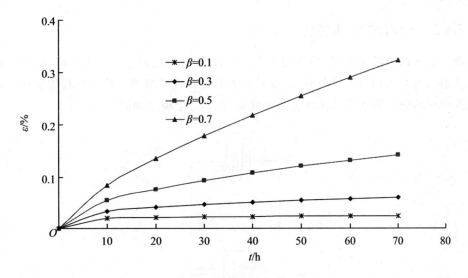

图7-6 β取值不同时分数阶黏滞体的蠕变曲线

图7-7为应变保持不变、β取值不同时材料的松弛曲线,参数值 ε＝0.02,η＝4000 MPa·h。可以看出,分数阶黏滞体在应变保持不变的情况下,应力随时间缓慢减小,β在(0,1)之间取值越大,相同时间内应力松弛越大,反之则应力松弛越小。可见,分数阶黏滞体能够较好地反映材料应力松弛的渐变过程。

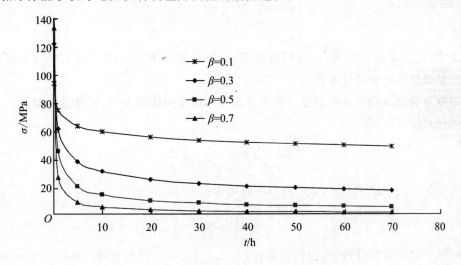

图7-7 β取值不同时分数阶黏滞体的应力松弛曲线

从图7-6和图7-7中还可以看出,通过β的变化,分数阶黏滞体可以较好地描述处于理想流体和理想固体之间不同状态的蠕变行为。这也说明分数阶黏滞体是一个包含弹簧元件和阻尼元件的综合元件,包含η和β两个参数,既能控制变形速率,也能控制应力(应变),因而分数阶黏滞体元件能够合理地反映蠕变问题的非线性渐变过程。

7.4.2 分数阶黏弹性体

卸荷蠕变试验结果表明,当应力水平较低时,硬岩经历两个卸荷蠕变阶段,岩石既有瞬时变形又有黏弹性变形,因而将能够反映岩石瞬弹性变形的弹性元件和能够反映岩石非线性变形的分数阶黏滞体元件进行并联组合,其力学模型如图7-8所示。

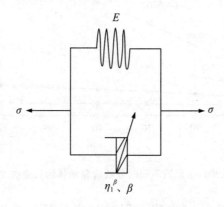

图7-8 分数阶黏弹性体

由并联组合模型理论可得出分数阶黏弹性体本构方程,为:

$$\begin{cases} \sigma = \eta_1^\beta \dfrac{\mathrm{d}^\beta\big[\varepsilon_{ve}(t)\big]}{\mathrm{d}t^\beta} + E\varepsilon_{ve} \\ \varepsilon_{ve} = \varepsilon_H = \varepsilon_A \end{cases} \tag{7-11}$$

式中,ε_{ve} 为黏弹性应变;ε_H 为弹簧应变;ε_A 为类黏滞体应变;E 为弹簧弹性模量;η 为分数阶黏弹性体的黏滞性系数。

根据分数阶微积分理论推导分数阶黏弹性体模型的蠕变方程,推导过程如下:

整理式(7-11),得:

$$\frac{\mathrm{d}^\beta\big[\varepsilon_{ve}(t)\big]}{\mathrm{d}t^\beta} + \frac{E}{\eta_1^\beta}\varepsilon_{ve} = \frac{\sigma}{\eta_1^\beta} \tag{7-12}$$

若令 $a = E/\eta_1^\beta$,$b = \sigma/\eta_1^\beta$,式(7-12)可简化为:

$$\frac{\mathrm{d}^\beta\big[\varepsilon_{ve}(t)\big]}{\mathrm{d}t^\beta} + a\varepsilon_{ve} = b \tag{7-13}$$

根据分数阶微积分理论,由初值条件 $t=0$,$\varepsilon_{ve}(0)=0$,可得 Riemann-Liouville 分数阶导数与 Caputo 分数阶导数之间的转化关系式,即:

$$\frac{\mathrm{d}^\beta\big[\varepsilon_{ve}(t)\big]}{\mathrm{d}t^\beta} = \frac{{}^C\mathrm{d}^\beta\big[\varepsilon_{ve}(t)\big]}{\mathrm{d}t^\beta} \tag{7-14}$$

从而式(7-12)可表示为:

$$\frac{{}^C\mathrm{d}^\beta\big[\varepsilon_{ve}(t)\big]}{\mathrm{d}t^\beta} + a\varepsilon_{ve} = b \tag{7-15}$$

对式(7-15)进行拉普拉斯变换,求解可得:

$$E(s) = \frac{b}{\left[s(s^\beta + a) \right]} \tag{7-16}$$

再对式(7-16)进行拉普拉斯逆变换,可得:

$$\varepsilon_{ve}(t) = b \int_0^t (t-s)^{\beta-1} \sum_{k=0}^{\infty} \frac{\left[-a(t-s)^\beta \right]^k}{\Gamma(k\beta + \beta)} \mathrm{d}s \tag{7-17}$$

计算式(7-17),得:

$$\varepsilon_{ve} = b \sum_{k=0}^{\infty} \frac{(-a)^k t^{\beta(1+k)}}{\beta(1+k)\Gamma\left[(1+k)\beta \right]} \tag{7-18}$$

将 a、b 值还原,得:

$$\varepsilon_{ve} = \frac{\sigma}{\eta_1^\beta} \sum_{k=0}^{\infty} \frac{(-\frac{E}{\eta_1^\beta})^k t^{\beta(1+k)}}{\beta(1+k)\Gamma\left[(1+k)\beta \right]} \tag{7-19}$$

式(7-19)即为分数阶黏弹性体的蠕变方程。

当 $\beta = 1$ 时,利用 Gamma 函数的性质,式(7-19)可化为:

$$\varepsilon_{ve} = \frac{\sigma}{E}\left(1 - \mathrm{e}^{-\frac{E}{\eta_1^t}} \right) \tag{7-20}$$

式(7-20)即为 Kelvin 体模型的蠕变方程,可见 Kelvin 体模型是分数阶黏弹性体模型的特殊形式。

7.4.3　分数阶黏塑性体

卸荷蠕变试验结果表明,当应力水平较高时,硬岩经历完整的卸荷蠕变阶段,即减速蠕变、稳态蠕变和加速蠕变 3 个阶段,而加速蠕变阶段的变形特征明显与减速蠕变和稳态蠕变阶段不同。一般认为,当应力水平超过长期强度临界值时岩石进入变速蠕变阶段,因而加速蠕变阶段的力学元件应当含有能够表征长期强度特点的因素。我们在对分数阶黏滞体的特征分析中发现,分数阶黏滞体能够通过调整自身分数阶导数的阶次更好地拟合岩石材料的非线性蠕变过程,蠕变变形大、蠕变速率快的蠕变阶段,分数阶导数的阶次大;蠕变变形小、蠕变速率慢的蠕变阶段,分数阶导数的阶次小。因而,从理论上讲,反映加速蠕变时,分数阶黏滞体的分数阶导数阶次将大于其他两个阶段中的分数阶导数阶次。

将分数阶黏滞体与含有应力开关的塑性体并联组合成一个能够反映硬岩卸荷加速蠕变特点的分数阶黏塑性体,其力学模型如图 7-9 所示。

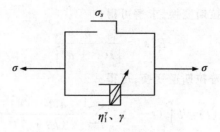

图7-9 分数阶黏塑性体

由并联组合模型理论可得分数阶黏塑性体本构方程,为:

$$\begin{cases} \sigma = \eta_2^\gamma \dfrac{d^\gamma[\varepsilon_p(t)]}{dt^\gamma} + \sigma_s \\ \varepsilon_{vp} = \varepsilon_s = \varepsilon_A \end{cases} \quad (7\text{-}21)$$

式中,ε_{vp} 为分数阶黏塑性应变;ε_s 为分数阶塑性体应变;ε_A 为分数阶黏滞体应变;η_2^γ 为分数阶黏滞体的黏滞性系数。

当 $\sigma < \sigma_s$ 时,有 $\varepsilon_p = 0$。

当 $\sigma \geqslant \sigma_s$ 时,有:

$$\sigma = \eta_2^\gamma \frac{d^\gamma[\varepsilon_p(t)]}{dt^\gamma} + \sigma_s \quad (7\text{-}22)$$

即:

$$\frac{d^\gamma[\varepsilon_p(t)]}{dt^\gamma} = \frac{\sigma - \sigma_s}{\eta_2^\gamma} \quad (7\text{-}23)$$

将初始条件 $t = 0$,$\varepsilon_v = 0$ 代入式(7-23),可得:

$$\varepsilon_{vp} = \frac{\sigma - \sigma_s}{\eta_2^\gamma} \frac{t^\gamma}{\Gamma(\gamma + 1)} \quad (7\text{-}24)$$

式(7-24)即为分数阶黏塑性体蠕变方程。

7.5 基于分数阶的卸荷非线性蠕变本构模型

一般地,建立岩石非线性蠕变模型的方法主要有3种。第一种是采用非线性蠕变元件代替常规的线性蠕变元件,如弹性体、塑性体和黏性体等,建立能描述岩石加速蠕变阶段的非线性蠕变模型。第二种是采用新的理论,如内时理论、断裂及损伤力学理论等,建立岩石蠕变本构模型。第三种是基于机制分析的蠕变模型,该类模型重点关注岩石蠕变过程中的细观力学行为特征和物理机制,能够克服传统唯象模型的诸多缺陷,如经验模型无法反映岩石的长期蠕变特性,组合元件模型不能对蠕变机制进行解释等。因此,本节结合这三种方法,基于对硬岩卸荷蠕变规律的分析,采用分数阶微积分理论,通过非线性力学模型的组合,建立基于分数阶导数的硬岩卸荷非线性蠕变本构模型,并通过试验结果验证模型的合理性和适用性。

　　通过前面的损伤特性分析和卸荷蠕变组合元件分析,建立基于分数阶导数的硬岩卸荷非线性蠕变模型,简称FD-HKVP模型。该模型由3个力学模型组合而成,即损伤弹性体(H体)、分数阶损伤黏弹性体(KV体)和分数阶损伤黏塑性体(P体),共包含6个力学元件,如图7-10所示。

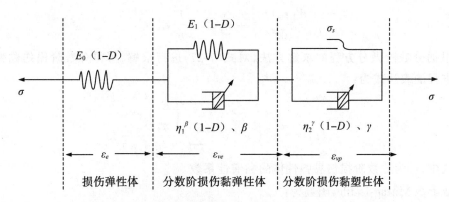

图7-10　基于分数阶的卸荷非线性蠕变模型

　　传统的加载蠕变模型在处理损伤效应、长期强度及非线性蠕变方面的一般做法是:认为应力水平达到长期强度后岩石才开始产生损伤,而达到长期强度之前是不发生损伤的;在长期强度分析方面,等时应力—应变曲线簇法作为一种较成熟的方法得到了普遍应用;描述岩石非线性蠕变特征时,往往采用整数阶的多元件组合方式。这些做法在岩石加载蠕变中得到了较好的应用,但是通过硬岩的卸荷蠕变试验现象分析可知,卸荷蠕变与加载蠕变还存在多方面的差异,因而,FD-HKVP模型针对前面陈述的卸荷蠕变建模需要解决的4个问题重点进行了以下3个方面的改进:一是整个卸荷蠕变过程都考虑了岩石材料的损伤劣化效应,并且超过长期强度后卸荷损伤劣化效应更为显著;二是改进了长期强度的理论分析方法,长期强度的确定更符合硬岩卸荷蠕变试验现象;三是引入分数阶微积分理论,用分数阶导数代替传统的整数阶导数,能够更好地描述硬岩在不同卸荷蠕变阶段的非线性蠕变特征,尤其在加速蠕变阶段能够体现比加载蠕变更为明显的体积扩容及脆性破坏特征。

7.5.1　损伤弹性体(H体)的应力应变关系

　　根据胡克定律,可得损伤弹性体蠕变方程为:

$$\varepsilon_e(t) = \frac{\sigma}{E_0(1-D)} = \frac{\sigma}{E_0 e^{-at}} \tag{7-25}$$

式中,E_0为H体的弹性模量。

7.5.2 分数阶损伤黏弹性体(KV体)的应力应变关系

$$\sigma = \eta_1^\beta e^{-at} \frac{d^\beta [\varepsilon_{ve}(t)]}{dt^\beta} + E e^{-at} \varepsilon_{ve}(t) \tag{7-26}$$

整理式(7-26)可得：

$$\frac{d^\beta [\varepsilon_{ve}(t)]}{dt^\beta} = \frac{\sigma}{\eta_1^\beta} e^{at} - \frac{E}{\eta_1^\beta} \varepsilon_{ve}(t) \tag{7-27}$$

根据分数阶微分方程的求解方法,对式(7-27)进行求解,可得分数阶损伤黏弹性体蠕变方程的表达式为：

$$\varepsilon_{ve}(t) = \frac{\sigma}{\eta_1^\beta} e^{at} \int_0^t e^{-a\tau} \tau^{\beta-1} \sum_{k=0}^{\infty} \frac{\left(\dfrac{E_1}{\eta_1^\beta}\right)^k \tau^{\beta k}}{\Gamma(k\beta + \beta)} d\tau \tag{7-28}$$

式中, η_1^β 为分数阶损伤黏弹性体的黏滞性系数。

双参数 Mittag-Leffler 函数为：

$$E_{\beta,\beta}\left[\left(-\frac{E_1}{\eta_1^\beta}\right)\tau^\beta\right] = \sum_{k=0}^{\infty} \frac{\left(\dfrac{E_1}{\eta_1^\beta}\right)^k \tau^{\beta k}}{\Gamma(k\beta + \beta)}$$

7.5.3 分数阶损伤黏塑性体(P体)的应力应变关系

摩擦滑块的应力 σ_p 可表示为：

$$\sigma_p = \begin{cases} \sigma & \sigma < \sigma_s \\ \sigma_s & \sigma \geq \sigma_s \end{cases} \tag{7-29}$$

式中, σ_s 为岩石蠕变长期强度。

根据组合模型性质可得：

$$\sigma = \sigma_d + \sigma_p \tag{7-30}$$

式中, σ_d 为分数阶损伤黏塑性体中分数阶黏滞体的应力。

当 $\sigma < \sigma_s$ 时,得 $\sigma_d = 0$,即 $\varepsilon_p = 0$。

当 $\sigma \geq \sigma_s$ 时,得：

$$\sigma = \eta_2^\gamma e^{-at} \frac{d^\gamma [\varepsilon_{vp}(t)]}{dt^\gamma} + \sigma_s \tag{7-31}$$

即：

$$\frac{d^\gamma [\varepsilon_{vp}(t)]}{dt^\gamma} = \frac{\sigma - \sigma_s}{\eta_2^\gamma} e^{at} \tag{7-32}$$

对式(7-32)进行拉普拉斯变换,可得：

$$E(s) = \frac{\sigma - \sigma_s}{\eta_2^\gamma s^\gamma} \frac{1}{s - a} \tag{7-33}$$

对式(7-33)进行拉普拉斯逆变换,可得分数阶损伤黏塑性应变：

$$\varepsilon_{vp} = \frac{\sigma - \sigma_s}{\eta_2^{\gamma}} t^{\gamma} \sum_{k=0}^{\infty} \frac{(\alpha t)^k}{\Gamma(k+1+\gamma)} \tag{7-34}$$

因此,分数阶损伤黏塑性体蠕变方程表达式为:

$$\varepsilon_{vp} = \begin{cases} 0 & \sigma < \sigma_s \\ \dfrac{\sigma - \sigma_s}{\eta_2^{\gamma}} t^{\gamma} \displaystyle\sum_{k=0}^{\infty} \frac{(\alpha t)^k}{\Gamma(k+1+\gamma)} & \sigma \geqslant \sigma_s \end{cases} \tag{7-35}$$

根据模型元件串并联性质,FD-HKVP 模型总应变可表示为:

$$\varepsilon(t) = \varepsilon_e(t) + \varepsilon_{ve}(t) + \varepsilon_{vp}(t) \tag{7-36}$$

将式(7-25)、式(7-28)和式(7-35)代入式(7-36),可得基于分数阶的硬脆性岩石卸荷非线性流变模型(FD-HKVP 模型)的本构方程为:

$$\begin{cases} \varepsilon(t) = \dfrac{\sigma}{E_0 \mathrm{e}^{-\alpha t}} + \dfrac{\sigma}{\eta_1^{\beta}} \mathrm{e}^{\alpha t} \displaystyle\int_0^t \mathrm{e}^{-\alpha\tau} \tau^{\beta-1} \sum_{k=0}^{\infty} \frac{\left(\dfrac{E_1}{\eta_1^{\beta}}\right)^k \tau^{\beta k}}{\Gamma(k\beta+\beta)} \mathrm{d}\tau & \sigma < \sigma_s \\[6mm] \varepsilon(t) = \dfrac{\sigma}{E_0 \mathrm{e}^{-\alpha t}} + \dfrac{\sigma}{\eta_1^{\beta}} \mathrm{e}^{\alpha t} \displaystyle\int_0^t \mathrm{e}^{-\alpha\tau} \tau^{\beta-1} \sum_{k=0}^{\infty} \frac{\left(\dfrac{E_1}{\eta_1^{\beta}}\right)^k \tau^{\beta k}}{\Gamma(k\beta+\beta)} \mathrm{d}\tau + \dfrac{\sigma - \sigma_s}{\eta_2^{\gamma}} t^{\gamma} \sum_{k=0}^{\infty} \frac{(\alpha t)^k}{\Gamma(k+1+\gamma)} & \sigma \geqslant \sigma_s \end{cases} \tag{7-37}$$

不难发现,当 $\alpha = 0$, $\gamma = 1$, $\beta = 1$ 时,该模型蜕化为:

$$\begin{cases} \varepsilon(t) = \dfrac{\sigma}{E_0} + \dfrac{\sigma}{E_1}\left(1 - \mathrm{e}^{-\frac{E_1}{\eta_1}t}\right) & \sigma < \sigma_s \\[4mm] \varepsilon(t) = \dfrac{\sigma}{E_0} + \dfrac{\sigma}{E_1}\left(1 - \mathrm{e}^{-\frac{E_1}{\eta_1}t}\right) + \dfrac{\sigma - \sigma_s}{\eta_2} t & \sigma \geqslant \sigma_s \end{cases} \tag{7-38}$$

式(7-38)与经典西原模型完全一致,可见西原模型是 FD-HKVP 模型在 $\alpha = 0$, $\beta = 1$, $\gamma = 1$ 时的特例。

当 $\alpha = 0, 0 < \beta = \gamma < 1$ 时,该模型蜕化为:

$$\begin{cases} \varepsilon(t) = \dfrac{\sigma}{E_0} + \dfrac{\sigma}{\eta_1^{\beta}} \displaystyle\sum_{k=0}^{\infty} \frac{\left(\dfrac{E_1}{\eta_1^{\beta}}\right)^k t^{\beta(1+k)}}{\beta(1+\mathrm{k})\Gamma(k\beta+\beta)} & \sigma < \sigma_s \\[6mm] \varepsilon(t) = \dfrac{\sigma}{E_0} + \dfrac{\sigma}{\eta_1^{\beta}} \displaystyle\sum_{k=0}^{\infty} \frac{\left(\dfrac{E_1}{\eta_1^{\beta}}\right)^k t^{\beta(1+k)}}{\beta(1+\mathrm{k})\Gamma(k\beta+\beta)} + \dfrac{\sigma - \sigma_s}{\eta_2^{\gamma}} \frac{t^{\gamma}}{\Gamma(1+\gamma)} & \sigma \geqslant \sigma_s \end{cases} \tag{7-39}$$

式(7-39)即为相关研究中常见的相同阶次的 Abel 黏壶形式。

FD-HKVP 模型除了能够描述瞬弹变形、减速蠕变、等速蠕变特性外,在高应力水平下,还可以描述加速蠕变,具有加速蠕变特性,特别是能够通过组合元件的分数阶导次反映出稳态蠕变阶段和加速蠕变阶段的不同特性,符合卸荷流变比加载流变扩容更明显、在加速蠕变阶段扩容更迅速、破坏脆性特征更明显的试验现象。另外,模型中采用稳态蠕变速率交点法分析的卸荷长期强度要比加载流变中长期强度分析方法的计算值小,符合卸荷流变阈值比加载流变出现得更早的试验现象。

7.6 卸荷非线性蠕变模型的三维表达形式

在三维应力状态下,应力张量 σ_{ij} 与应变张量 ε_{ij} 的表达式分别为:

$$\sigma_{ij} = S_{ij} + \delta_{ij}\sigma_m \tag{7-40}$$

$$\varepsilon_{ij} = e_{ij} + \delta_{ij}\varepsilon_m \tag{7-41}$$

式中,σ_m 表示应力球张量,$\sigma_m = \dfrac{1}{3}\sigma_{ii}$;$S_{ij}$ 表示应力偏张量;ε_m 表示应变球张量,$\varepsilon_m = \dfrac{1}{3}\varepsilon_{ii}$;$e_{ij}$ 表示偏张量。

弹性状态下满足:

$$\sigma_m = 3K\varepsilon_m, S_{ij} = 2Ge_{ij} \tag{7-42}$$

式中,$G = \dfrac{E}{2(1+v)}$, $K = \dfrac{E}{3(1-2v)}$,分别表示剪切模量和体积模量。

利用元件模型对硬脆性岩体卸荷流变本构方程进行三维应力状态下的推导。

根据式(7-42),弹性体的应变可以表示为:

$$\varepsilon_{ij}^e = \frac{1}{2G_0}S_{ij} + \frac{1}{3K}\sigma_m\delta_{ij} \tag{7-43}$$

则损伤弹性体的应变可以表示为:

$$\varepsilon_{ij}^e = \left(\frac{1}{2G_0}S_{ij} + \frac{1}{3K}\sigma_m\delta_{ij}\right)e^{\alpha t} \tag{7-44}$$

式中,G_0 为剪切模量。

假定体积变化是弹性的,卸荷流变性质主要表现在剪切变形方面,则分数阶损伤黏弹性体的应变可表示为:

$$\varepsilon_{ij}^v = \frac{S_{ij}}{2H_1}e^{\alpha t}\int_0^t e^{-\alpha\tau}\tau^{\beta-1}\sum_{k=0}^{\infty}\frac{\left(\dfrac{G_1}{H_1}\right)^k\tau^{\beta k}}{\Gamma(k\beta+\beta)}\,d\tau \tag{7-45}$$

式中,H_1 为三维分数阶黏滞系数;G_1 为剪切模量。

当岩石达到塑性状态时,其三维蠕变本构关系与岩石屈服函数 F 及塑性势函数相关。分数阶损伤黏塑性体的应变率可表示为:

$$\dot{\varepsilon}_{ij}^p = \frac{1}{\eta_2^\beta(t)}\left\langle\phi\left(\frac{F}{F_0}\right)\right\rangle\frac{\partial Q}{\partial\sigma_{ij}} \tag{7-46}$$

式中,F 为屈服函数;F_0 为岩石屈服函数的初始值;Q 为塑性势函数。

开关函数表达式为：

$$\left\langle \phi\left(\frac{F}{F_0}\right)\right\rangle = \begin{cases} \phi\left(\dfrac{F}{F_0}\right) & F \geqslant 0 \\ 0 & F < 0 \end{cases} \tag{7-47}$$

屈服函数采用的形式为：

$$F = \sqrt{J_2} - \frac{\sigma_s}{\sqrt{3}} \tag{7-48}$$

式中，J_2 为应力偏量第二不变量。

若 ϕ 为幂函数，并且采用相关联流动法则，即 $Q = F$，则式(7-46)可以写为：

$$\{\dot{\varepsilon}^p\} = \begin{cases} 0 & F < 0 \\ \dfrac{1}{2H_2}\left(\dfrac{F}{F_0}\right)^m \dfrac{\partial F}{\partial \sigma_{ij}} t^\gamma \displaystyle\sum_{k=0}^{\infty}\dfrac{(\alpha t)^k}{\Gamma(k+1+\gamma)} & F \geqslant 0 \end{cases} \tag{7-49}$$

式中，H_2 为三维类黏滞系数。

因此，可得到常泊松比和常体积模量假设下、基于分数阶的硬脆性岩石卸荷非线性流变模型三维状态下的轴向蠕变本构方程，即：

$$\begin{cases} \varepsilon(t) = \left(\dfrac{1}{2G_0}s_{ij} + \dfrac{1}{3K}\sigma_m\delta_{ij}\right)e^{\alpha t} + \dfrac{S_{ij}}{2H_1}e^{\alpha t}\displaystyle\int_0^t e^{-\alpha\tau}\tau^{\beta-1}\sum_{k=0}^{\infty}\dfrac{\left(\frac{G_1}{H_1}\right)^k\tau^{\beta k}}{\Gamma(k\beta+\beta)}d\tau & F<0 \\[4mm] \varepsilon(t) = \left(\dfrac{1}{2G_0}s_{ij} + \dfrac{1}{3K}\sigma_m\delta_{ij}\right)e^{\alpha t} + \dfrac{S_{ij}}{2H_1}e^{\alpha t}\displaystyle\int_0^t e^{-\alpha\tau}\tau^{\beta-1}\sum_{k=0}^{\infty}\dfrac{\left(\frac{G_1}{H_1}\right)^k\tau^{\beta k}}{\Gamma(k\beta+\beta)}d\tau \\[4mm] \qquad + \dfrac{1}{2H_2}\left(\dfrac{F}{F_0}\right)^m\dfrac{\partial F}{\partial\sigma_{ij}}t^\gamma\displaystyle\sum_{k=0}^{\infty}\dfrac{(\alpha t)^k}{\Gamma(k+1+\gamma)} & F\geqslant 0 \end{cases} \tag{7-50}$$

岩石的室内试验多采用伪三轴试验，也就是 $\sigma_2 = \sigma_3$，因此，对于初始屈服函数，可选择 $F_0 = 1$。当 $m = 1$ 时，常规三轴试验条件下的轴向蠕变方程为：

$$\begin{cases} \varepsilon(t) = \left(\dfrac{\sigma_1+2\sigma_3}{9K} + \dfrac{\sigma_1-\sigma_3}{3G_0}\right)e^{\alpha t} + \dfrac{\sigma_1-\sigma_3}{3H_1}e^{\alpha t}\displaystyle\int_0^t e^{-\alpha\tau}\tau^{\beta-1}\sum_{k=0}^{\infty}\dfrac{(\frac{G_1}{H_1})^k\tau^{\beta k}}{\Gamma(k\beta+\beta)}d\tau & \sigma_1-\sigma_3<\sigma_s \\[4mm] \varepsilon(t) = \left(\dfrac{\sigma_1+2\sigma_3}{9K} + \dfrac{\sigma_1-\sigma_3}{3G_0}\right)e^{\alpha t} + \dfrac{\sigma_1-\sigma_3}{3H_1}e^{\alpha t}\displaystyle\int_0^t e^{-\alpha\tau}\tau^{\beta-1}\sum_{k=0}^{\infty}\dfrac{(\frac{G_1}{H_1})^k\tau^{\beta k}}{\Gamma(k\beta+\beta)}d\tau \\[4mm] \qquad + \dfrac{\sigma_1-\sigma_3-\sigma_s}{6H_2}t^\gamma\displaystyle\sum_{k=0}^{\infty}\dfrac{(\alpha t)^k}{\Gamma(k+1+\gamma)} & \sigma_1-\sigma_3\geqslant\sigma_s \end{cases} \tag{7-51}$$

7.7 参数辨识及参数敏感性分析

7.7.1 参数辨识

目前,岩石蠕变参数辨识主要有两种方法:一种是根据岩石蠕变试验曲线,采用幂函数、对数函数和指数函数等经验公式直接对蠕变试验曲线进行拟合,得到拟合参数;另一种是根据岩石蠕变试验曲线,利用黏弹塑性蠕变元件组合,建立相应的模型,再采用最小二乘法、迭代法及反演分析法等优化方法对蠕变模型参数进行辨识,达到与试验曲线相吻合的目的。由于本身的不足以及应用中存在的局限性,经验公式无法很好地解决工程实际问题,而第二种方法却具有较好的灵活性和适用性,所以在工程数值分析中得到了较广泛的应用。因此,本章将基于硬岩的卸荷蠕变试验曲线,采用第二种方法对卸荷蠕变模型参数进行辨识。

硬岩卸荷非线性蠕变模型中包含参数 E_0、E_1、η_1^β、η_2^γ、α、β 和 γ 主要是为了表征不同蠕变阶段特征,因此也一并进行分析。

首先,利用 FD-HKVP 模型蠕变方程式对所有硬岩卸荷蠕变曲线进行拟合。在拟合过程中我们发现,不论参数 E_0、E_1、η_1^β、η_2^γ 如何变化,在衰减蠕变和稳态蠕变阶段,损伤变量参数 α 值基本维持在 $0.00001\ \mathrm{h^{-1}}$,而在加速蠕变阶段,损伤变量参数 α 值基本维持在 $0.00005\ \mathrm{h^{-1}}$,并且上下波动范围都在 5% 以内,这一规律也符合前面对硬岩卸荷蠕变损伤特性的分析结果,即加速蠕变阶段的损伤劣化程度要大于衰减蠕变和稳态蠕变阶段的损伤劣化程度。因此,在 FD-HKVP 模型辨识过程中,当应力水平低于长期强度时,损伤变量参数 α 取 $0.00001\ \mathrm{h^{-1}}$;当应力水平高于长期强度时,损伤变量参数 α 取 $0.00005\ \mathrm{h^{-1}}$。

FD-HKVP 模型中其他参数 E_0、E_1、η_1^β、η_2^γ、β、γ 的辨识,可通过优化目标函数法实现。目标优化法就是通过反复的迭代寻优,寻求目标函数 $F(X)$ 在定义域 D 上的最小值问题,记为 $\min\limits_{X \in D} F(X)$,即在 D 上找一点 X^*,使得对于任意的 $X \in D$ 都有 $F(X^*) \leqslant F(X)$ 成立,X^* 称为全局最小点,也就是最终的最优参数估计值。目标函数表达式为:

$$F(X) = \sum_{i=1}^{N} r_i^2 \left(E_0,\ E_1,\ \eta_1^\beta,\ \eta_2^\gamma,\ \beta,\ \gamma \right) \tag{7-52}$$

$$\varepsilon_{LS}\left(E_0,\ E_1,\ \eta_1^\beta,\ \eta_2^\gamma,\ \beta,\ \gamma \right) = \sum_{i=1}^{N} \{ \varepsilon_i - \varepsilon(t_i) \}^2 \tag{7-53}$$

式中,ε_{LS} 为最小二乘误差;t_i、ε_i 分别为试验应变及对应的时间,N 为数据对个数;r_i 为残差向量。

$$r_i = \varepsilon(t_i) - \varepsilon_i \tag{7-54}$$

式中,$i = 1,\ 2,\ \cdots,\ N$。

采用 Optlst 计算软件中的麦夸特法(Levenberg-Marquardt)联合通用全局优化法进行求解,其搜索方程为:

$$[\boldsymbol{J}^T(z_k)\boldsymbol{J}(z_k)+\lambda_k\boldsymbol{D}_k^T\boldsymbol{D}_k](z_{k+1}-z_k)=-\boldsymbol{J}(z_k)^Tr \qquad \lambda_k\geqslant 0 \qquad (7\text{-}55)$$

式中，$\boldsymbol{D}_k$ 为单位对角阵；$z_k=(E_0^k,\ E_1^k,\ \eta_1^{\beta k},\ \eta_2^{\gamma k},\ \beta^k,\ \gamma^k)^T=\sum\limits_{i=1}^{N}\{\varepsilon_i-\varepsilon(t_i)\}^2$，$k=$ 0，1，$\cdots$，表示第 k 次迭代时参数 E_0，E_1，η_1^β，η_2^γ，β，γ 的取值；$\boldsymbol{J}$ 为残差向量 $r=$ $(r_1,\ r_2,\ \cdots,\ r_N)^T$ 的雅克比矩阵，可表示为：

$$\boldsymbol{J}(z)=\boldsymbol{J}(E_0,\ E_1,\ \eta_1^\beta,\ \eta_1^\gamma,\ \beta,\ \gamma)^T=\begin{bmatrix}\dfrac{\partial r_1}{\partial E_0}&\dfrac{\partial r_1}{\partial E_1}&\dfrac{\partial r_1}{\partial \eta_1^\beta}&\dfrac{\partial r_1}{\partial \eta_1^\gamma}&\dfrac{\partial r_1}{\partial \beta}&\dfrac{\partial r_1}{\partial \gamma}\\[2mm]\dfrac{\partial r_2}{\partial E_0}&\dfrac{\partial r_2}{\partial E_1}&\dfrac{\partial r_2}{\partial \eta_1^\beta}&\dfrac{\partial r_2}{\partial \eta_1^\gamma}&\dfrac{\partial r_2}{\partial \beta}&\dfrac{\partial r_2}{\partial \gamma}\\[1mm]\vdots&\vdots&\vdots&\vdots&\vdots&\vdots\\[1mm]\dfrac{\partial r_N}{\partial E_0}&\dfrac{\partial r_N}{\partial E_1}&\dfrac{\partial r_N}{\partial \eta_1^\beta}&\dfrac{\partial r_N}{\partial \eta_1^\gamma}&\dfrac{\partial r_N}{\partial \beta}&\dfrac{\partial r_N}{\partial \gamma}\end{bmatrix} \qquad (7\text{-}56)$$

具体求解步骤说明如下：

(1) $i=0$，选初始值 z_i。

(2) 将初始值 z_i 代入 $\boldsymbol{J}(z)$，计算得到 $\boldsymbol{J}(z_i)$ 和 $\boldsymbol{J}^T(z_i)$ 后，再代入 r_i，得到 $r(z_i)$。

(3) 令 $B=\boldsymbol{J}^T(z_i)\boldsymbol{J}(z_i)+\lambda_i\boldsymbol{D}_i^T\boldsymbol{D}_i$，$C=-\boldsymbol{J}(z_i)^Tr(z_i)$，分别计算 B、C 值，则 $s_{i+1}=B^{-1}C$。

(4) $z_{i+1}=z_i+s_{i+1}$，$i=i+1$。

(5) 重复上述步骤，直至符合结束条件。

以围压 40 MPa 路径 1 条件下花岗岩卸荷蠕变试验为例，首先利用蠕变速率交点法确定其长期强度为 62.6 MPa，衰减蠕变阶段和稳态蠕变阶段损伤演化系数 $\alpha=0.0001\ \text{h}^{-1}$，加速蠕变阶段 $\alpha=0.0005\ \text{h}^{-1}$，分别对轴向、横向和体积蠕变进行模型拟合。参数辨识结果如表 7-1 至表 7-3 所示，拟合理论曲线与试验曲线如图 7-11 所示。

表 7-1　轴向蠕变参数辨识结果

偏应力 /MPa	E_0 /MPa	E_1 /MPa	η_1^β /(MPa·h)	β	η_2^γ /(MPa·h)	γ	R^2
50	360.11	1143.59	55437.6	0.525	—	—	0.9970
60	383.83	348.74	2509.21	0.150	—	—	0.9973
70	359.13	2277.96	48483.76	0.605	10560.01	0.598	0.9973
75	336.51	1986.30	22215.98	0.566	8652.58	0.610	0.9979
77.5	302.45	671.81	7821.49	0.445	4621.78	0.470	0.9996
平均	348.41	1285.68	27293.61	0.458	7944.79	0.559	—

表7-2　横向蠕变参数辨识结果

偏应力/MPa	E_0/MPa	E_1/MPa	η_1^β/(MPa·h)	β	η_2^γ/(MPa·h)	γ	R^2
50	1272.78	143.02	40547.52	0.480	—	—	0.9993
60	883.64	391.66	599.95	0.012	—	—	0.9988
70	581.38	71.97	2975.97	0.289	460.75	0.212	0.9996
75	526.68	227.34	10399.26	0.553	245.82	0.120	0.9999
77.5	226.57	86.74	1152.33	0.413	705.19	0.446	0.9998
平均	698.21	184.15	11135.01	0.349	470.59	0.259	—

表7-3　体积蠕变参数辨识结果

偏应力/MPa	E_0/MPa	E_1/MPa	η_1^β/(MPa·h)	β	η_1^γ/(MPa·h)	γ	R^2
50	822.72	149.29	58636.49	0.818	—	—	0.9992
60	4017.79	61950.43	146818.2	0.083	—	—	0.9922
70	1524.90	484.22	1547.25	0.201	337.38	0.125	0.9987
75	919.71	228.86	12181.98	0.655	145.71	0.158	0.9999
77.5	180.63	198.50	796.25	0.099	35.61	0.257	1.0
平均	1493.15	12602.26	43996.03	0.371	172.90	0.179	—

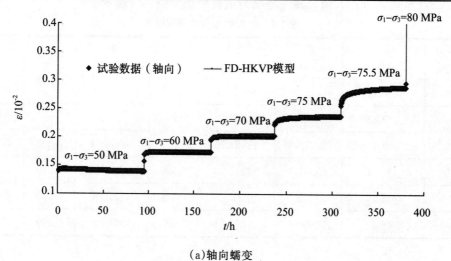

(a)轴向蠕变

图7-11　硬岩卸荷蠕变试验曲线与FD-HKVP模型拟合曲线(一)

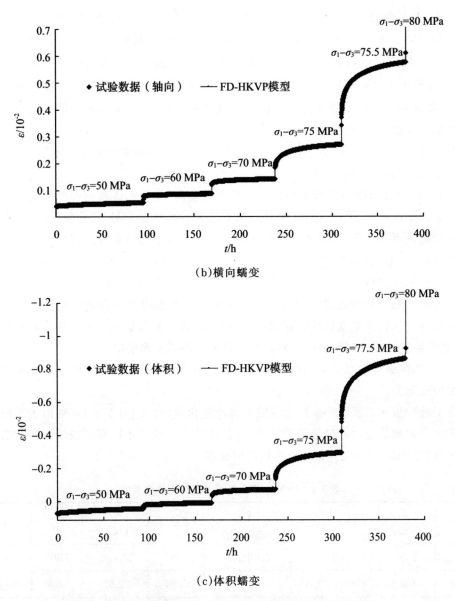

（b）横向蠕变

（c）体积蠕变

图7-11　硬岩卸荷蠕变试验曲线与FD-HKVP模型拟合曲线（二）

从表7-1至表7-3可以看出,在相同卸荷围压条件下,不同应力水平作用下的模型的参数是不同的,每一级应力都有一组不同的参数值。这说明硬岩的卸荷蠕变是一种非线性蠕变。从轴向和横向蠕变参数的具体变化情况来看,轴向蠕变参数变化规律性明显,而横向蠕变参数与应力水平的关系较为复杂,规律性不是很明显。

轴向蠕变参数变化规律的分析如下:第一,随着应力水平的增大（偏应力水平为60 MPa时,参数波动较大,原因是岩石内部发生了局部损伤破裂,故不对其进行相关分析）,弹性变量 $E(t)$ 逐渐减小,充分体现了硬岩在卸荷蠕变过程中的损伤劣化效应。第二,两个类黏滞体中的黏性变量 η_1^v 和 η_2^v 随着岩石衰减蠕变、稳态蠕变、加速蠕变3个阶段逐渐减小,表明在卸荷蠕变过程中,黏性变量具有损伤劣化效应。第三,两个类黏滞体中的分数阶导数 β 和 γ 值不同,当应力水平超过长期强度后,随着应力水平的增大,分数阶导数呈递减趋势。在稳态蠕变阶段,β 值大于 γ 值,稳态蠕变阶段过渡至加速蠕变阶段后,γ 值大于 β 值。从理论上讲,这是因为两个类黏滞体描述的是蠕变过程中的不同阶段,分数阶黏塑性体中的类黏滞体是描述加速蠕变阶段,因而其求导阶数要大于黏弹性体中类黏滞系数的求导阶数 β。

分析表 7-1 至表 7-3 中关于 FD-HKVP 模型的轴向、横向和体积辨识参数变化情况,可以得出以下几点认识:

(1)E_0 反映硬岩的卸荷瞬时变形量。岩石的轴向、横向和体积的弹性模量随着偏应力水平的增加而减小,充分体现了硬岩所具有的非线性特征。另外,比较轴向、横向和体积的弹性模量可以发现,三者的弹性模量并不一致。从平均值来看,轴向为 348.41 MPa,横向为 698.21 MPa,体积为 1493.15 MPa,说明硬岩在卸荷蠕变过程中的各向异性明显。

(2)$t=\eta_1^\beta/E_0$ 反映硬岩卸荷达到稳定蠕变所经历的时间。在各级应力水平下,轴向卸荷蠕变进入稳定蠕变的平均时长为 21.2 h,横向卸荷蠕变进入稳定蠕变的平均时长为 60.5 h,横向进入稳态蠕变阶段的耗时比轴向要长,说明卸荷蠕变时硬岩的横向膨胀效应明显,并且这种效应达到稳定的时间随着应力水平的提高而增加。

(3)反映该级应力水平下的稳定蠕变速率。轴向和横向的稳定蠕变速率均随着偏应力的增加而增大。

为了进一步认识硬岩卸荷蠕变参数辨识的变化规律,表 7-4 至表 7-7 列出了不同围压条件下硬岩卸荷蠕变轴向参数辨识结果,图 7-12 给出了硬岩不同围压条件下卸荷蠕变试验曲线与 FD-HKVP 模型理论拟合曲线的对比图。

表 7-4　10 MPa 围压卸荷蠕变轴向拟合参数

偏应力/MPa	E_0/MPa	E_1/MPa	η_1^β/(MPa·h)	β	η_2^γ/(MPa·h)	γ	R^2
80	163.36	6510.73	28631.77	0.081	578.66	0.000	0.9991
85	158.51	213.04	296.65	0.007	52.67	0.094	0.9995
平均	160.93	3361.89	14464.21	0.044	315.66	0.047	—

表 7-5　20 MPa 围压卸荷蠕变轴向拟合参数

偏应力/MPa	E_0/MPa	E_1/MPa	η_1^β/(MPa·h)	β	η_2^γ/(MPa·h)	γ	R^2
70	258.71	729.95	41452.37	0.283	—	—	0.8763
75	263.12	280915.62	1056404.75	0.502	117.77	0.111	0.9528
80	255.59	51.26	74.46	0.003	32.20	0.033	0.975

续表

偏应力 /MPa	E_0 /MPa	E_1 /MPa	η_1^β /(MPa·h)	β	η_2^γ /(MPa·h)	γ	R^2
82.5	245.54	338.27	2070.52	0.023	122.83	0.000	0.979
平均	255.74	70508.78	275000.52	0.203	90.93	0.048	—

表7-6　30 MPa围压卸荷蠕变轴向拟合参数

偏应力 /MPa	E_0 /MPa	E_1 /MPa	η_1^β /(MPa·h)	β	η_2^γ /(MPa·h)	γ	R^2
70	296.35	2004.42	33926.11	0.392	—	—	0.8276
80	301.59	3662.76	15365364.86	0.136	778.73	0.136	0.8704
85	300.35	206.95	2273.45	0.095	347.93	0.023	0.9174
87.5	296.86	372.79	26492.34	0.868	14718.32	0.000	0.9381
平均	298.79	1561.73	3857014.19	0.373	5281.66	0.053	—

表7-7　不同围压卸荷蠕变轴向参数平均值比较

岩石	围压 /MPa	E_0 /MPa	E_1 /MPa	η_1^β /(MPa·h)	β	η_2^γ /(MPa·h)	γ
花岗岩	10	160.93	3361.89	14464.21	0.044	315.66	0.047
	20	255.74	70508.78	275000.52	0.203	90.93	0.048
	30	298.79	1561.73	3857014.19	0.373	5281.66	0.053
	40	348.41	1285.68	27293.61	0.458	7944.79	0.559
辉绿岩	10	140.95	28636.60	51475.10	0.057	85708.19	0.072
	20	194.59	1892.52	3752.92	0.073	122786.25	0.288
	30	500.49	10892.44	3575897.53	0.236	147847.10	0.709
裂隙辉绿岩	10	162.46	2358.89	3874.33	0.034	—	—
	15	261.33	286.24	4962881.46	0.109	4409.34	0.186

　　通过分析表7-4至表7-7中的参数辨识结果可以发现:模型中的瞬时弹性模量平均值随着围压的增大而增大,在同一卸荷围压下,瞬时弹性模量随着应力水平的增大而增大;黏弹性体和黏塑性体中两个分数阶导数的阶次分别随着围压的增大而增大,但二者大小不同。

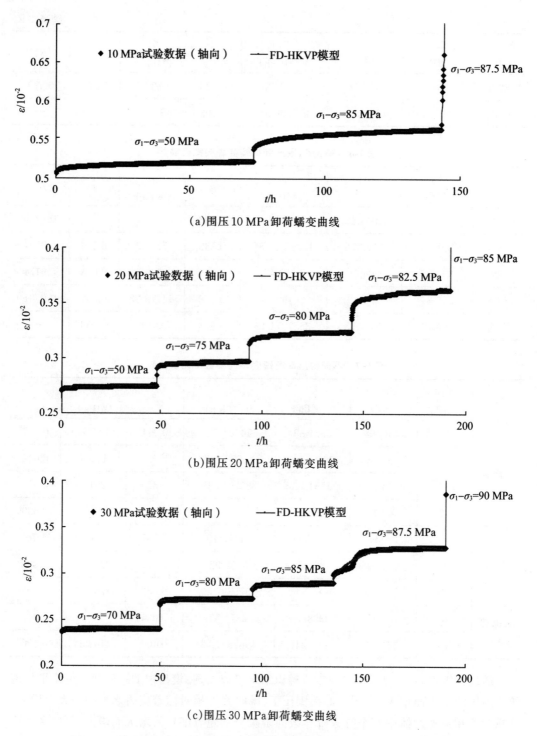

(a)围压 10 MPa卸荷蠕变曲线

(b)围压 20 MPa卸荷蠕变曲线

(c)围压 30 MPa卸荷蠕变曲线

图7-12　硬岩不同围压条件下卸荷蠕变试验曲线及FD-HKVP模型拟合曲线

由图7-12也可以看出,各工况下的计算理论曲线都能较好地拟合试验曲线,能够反映各阶段的卸荷蠕变特性,并且通过对模型参数辨识结果的分析可知,其辨识结果符合硬岩卸荷蠕变特征,FD-HKVP模型的试验验证较好地吻合了理论分析结果。

7.7.2　参数敏感性分析

参照FD-HKVP模型的拟合分析及表7-4至表7-7的拟合辨识结果,将参数$E_0=$ 302.45 MPa,$E_1=671.81$ MPa,$\eta_1^\beta=7821.49$ MPa·h,$\eta_2^\gamma=4621.78$ MPa·h,$\beta=0.445$,$\gamma=$ 0.470,$\alpha=0.00001$ h^{-1}(小于长期强度),$\alpha=0.00005$ h^{-1}(大于长期强度),$\sigma=77.5$ MPa分别代入FD-HKVP模型本构方程式,通过改变其中一个参数的方式,对模型各主要参数进行敏感性分析。

7.7.2.1　应力水平的影响

仅改变应力水平,令σ分别为77.5 MPa、78 MPa、78.5 MPa、79 MPa、79.5 MPa,可得到一组不同应力水平的蠕变曲线,如图7-13所示。可见,应力水平越高,应变越大,稳态蠕变阶段越短,进入加速蠕变阶段的时间就越早。

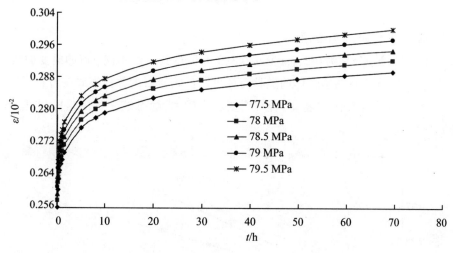

图7-13　不同应力水平下的蠕变曲线

7.7.2.2　分数阶导数的影响

仅改变分数阶导数β值,令β分别为0.2、0.4、0.6、0.8、0.9,可得到一组不同β值的蠕变曲线,如图7-14所示。可见,随着β值的增大,蠕变应变有先增大后减小的趋势。当$\beta<0.6$时,应变经过短暂的增大后平缓减小;当$\beta>0.6$时,蠕变应变经过短暂的增大后大幅跌落,即β值越大,稳态蠕变阶段越短,但始终无法进入加速蠕变阶段。这也说明分数阶黏弹性体的类黏滞体无法描述加速蠕变阶段的蠕变特性。

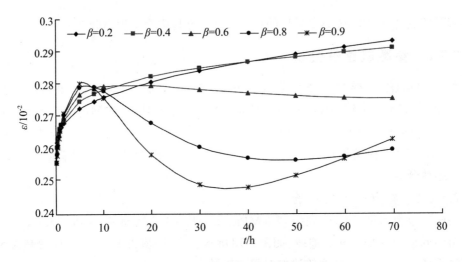

图 7-14　不同分数阶导数 β 下的蠕变曲线

7.7.2.3　分数阶导数的影响

仅改变 γ 值,令 γ 分别为 0.2、0.4、0.6、0.8、0.9,可得到一组不同 γ 值的蠕变曲线,如图 7-15 所示。可见,分数阶黏塑性体的类黏滞体可以反映岩石的非稳态蠕变过程,并且 γ 值越大,也就是分数阶导数阶次越高,岩石蠕变速率越大,稳态蠕变阶段越短,非稳态蠕变阶段越容易出现。

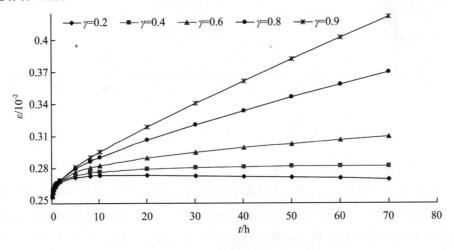

图 7-15　不同分数阶导数 γ 下的蠕变曲线

7.7.2.4　损伤参数的影响

仅改变 α 值,令 α 分别为 0、0.001、0.01、0.1,可得到一组不同 α 值的蠕变曲线,如图 7-16 所示。可见,当 α=0 时,岩石蠕变过程并未出现明显的非稳态蠕变阶段;当 α>0 时,出现了非稳态蠕变阶段的特征,并且 α 值越高,应变越大,稳态蠕变阶段越短,进入非稳态蠕变阶段的时间就越早,说明损伤加速了岩石的蠕变破坏。

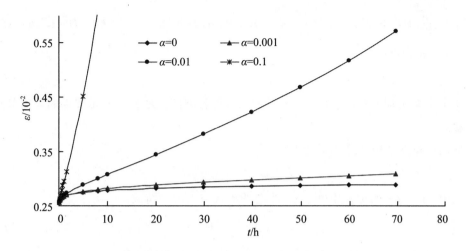

图7-16　不同损伤参数α下的蠕变曲线

由上述分析可见,硬岩卸荷蠕变三阶段主要受4个参数的影响,即应力水平σ、分数阶导数β和γ、损伤参数α。应力水平σ主要影响硬岩稳态蠕变阶段的长短及进入加速蠕变阶段的时间。分数阶导数β和γ影响蠕变阶段的不同形态和蠕变速率。损伤参数α反映蠕变损伤程度,影响蠕变曲线的形态,只有α＞0时才能出现加速蠕变阶段。α主要控制蠕变过程中损伤的快慢程度和量值大小,α越大,损伤发展速率越快,在较短的时间内就越能达到最大的损伤值,同时蠕变变形中由损伤发展引起的变形也越大。

7.8　卸荷蠕变模型的数值实现

有限元法、边界元法、离散单元法和有限差分法是工程领域常用的数值分析方法。有限元法因其单元形状简单、易于利用平衡关系和能量关系建立节点量的方程式、代入荷载及边界条件可对方程组求解的优点而得到了广泛应用。其基本思想是将问题的求解域划分为一系列节点相连的单元,单元内部的未知量由插值函数得到。因此,本节采用有限元法对卸荷蠕变模型进行数值分析。

7.8.1　模型有限元分析

采用初应变法求解流变问题,单元为8节点空间等参单元,其物理方程可表示为:

$$\{\sigma\} = [\boldsymbol{D}]\big(\{\varepsilon\} - \{\varepsilon_v\}\big) \tag{7-57}$$

式中,$\{\varepsilon_v\}$为黏性应变;$[\boldsymbol{D}]$为弹性矩阵。

利用虚功原理,由式(7-57)可得单元节点力为:

$$\{F\}^e = \iiint [\boldsymbol{B}]^T \{\sigma\} t\mathrm{d}x\mathrm{d}y\mathrm{d}z = \iiint [\boldsymbol{B}]^T [\boldsymbol{D}][\boldsymbol{B}] t\mathrm{d}x\mathrm{d}y\mathrm{d}z \{\boldsymbol{U}\}^e - \iiint [\boldsymbol{B}]^T [\boldsymbol{D}]\{\varepsilon_v\} t\mathrm{d}x\mathrm{d}y\mathrm{d}z$$

$$= [K]^e \{\boldsymbol{U}\}^e - \{R_v\}^e$$

$$(7\text{-}58)$$

式中，$[\boldsymbol{B}]$ 为应变矩阵；$\{\boldsymbol{U}\}^e$ 为单元节点的位移列阵；$\{R_v\}^e$ 为单元节点的等效节点附加荷载。

从而可建立结构的总体平衡方程，为：

$$[K]\{\boldsymbol{U}\} = \{R\} + \{R_v\} \tag{7-59}$$

式中，$\{\boldsymbol{U}\}$ 为总的位移矩阵；$\{R_v\}$ 为总的等效节点附加荷载。

$$\{R_v\} = \sum \{R_v\}^e \tag{7-60}$$

因此，可以把 $\{\varepsilon_v\}$ 作为初应变，$\{R_v\}^e$ 即表示由于初应变而产生的单元等效节点荷载，其表达式为：

$$\{R_v\}^e = \iiint [\boldsymbol{B}]^T [\boldsymbol{D}]\{\varepsilon_v\} t\mathrm{d}x\mathrm{d}y\mathrm{d}z \tag{7-61}$$

求解式(7-61)即可得 $\{\boldsymbol{U}\}$ 的一次近似值。通过 $\{\varepsilon_v\}$ 和 $\{R_v\}$ 的变化，反复迭代，多次求解即可逐渐逼近流变问题的真实解。

卸荷流变模型有限元求解具体过程如下：

(1) $t_0 = 0$ 时，施加全部荷载 $\{R\}$，求解弹性平衡方程。

$$[K]\{\boldsymbol{U}\} = \{R\} \tag{7-62}$$

从而求得瞬时弹性位移 $\{\boldsymbol{U}\}_0$，再根据几何方程求得应变 $\{\varepsilon\}_0$。根据弹性物理方程求得应力 $\{\sigma_R\}$。

(2) 对于每一时步 t_i，把求得的每个单元应力场 $\{\sigma_R\}_i$ 与初始地应力场 $\{\sigma^d\}$ 进行迭加得到总应力场 $\{\sigma\}_i$，再化成主应力 $\{\sigma^p\}$。由 $\{\sigma^p\}$ 计算 F，若 $F < 0$，则单元处于黏弹性变形阶段，由式(7-50)在 $F < 0$ 条件下的表达式计算黏性应变 $\{\varepsilon_v\}_{i+1}$；若 $F \geqslant 0$，则单元处于黏塑性变形阶段，由式(7-50)在 $F \geqslant 0$ 条件下的表达式计算黏性应变 $\{\varepsilon_v\}_{i+1}$。

(3) 把 $\{\varepsilon_v\}_{i+1}$ 作为初应变，由式(7-59)和式(7-60)计算等效结点附加荷载 $\{R_v\}_{i+1}$。

(4) 求解总体平衡方程式。

$$[K]\{\boldsymbol{U}\}_{i+1} = \{R\} + \{R_v\}_{i+1} \tag{7-63}$$

得到 t_{i+1} 时刻的位移 $\{\boldsymbol{U}\}_{i+1}$，再由几何方程求得 $\{\varepsilon\}_{i+1}$，由物理方程

$$\{\sigma_R\}_{i+1} = [\boldsymbol{D}](\{\varepsilon\}_{i+1} - \{\varepsilon_v\}_{i+1}) \tag{7-64}$$

求得由于荷载 $\{R\}$ 而产生的应力场 $\{\sigma_R\}_{i+1}$。

(5) 转入第(2)步，重复以上计算，即可得到各个时刻的位移场、应变场和应力场。

7.8.2　模型程序开发

大型商业有限元软件 ANSYS 作为一种专业的有限元分析软件,具有多种有限元分析的能力,并提供了强大的二次开发平台,主要包括 APDL、UIDL 和 UPF 3 个工具。APDL 是用于实现参数化有限元分析的程序语言,编辑形式简单,在记事本文件里面编写程序语句,将其扩展名 .txt 改为 .mac 之后即可在 ANSYS 平台上运行,为用户提供一种相对便利的开发环境。完整的 ANSYS 分析过程包括创建有限元模型、施加荷载进行求解、查看分析结果,在程序上分别由前处理模块(PERP7)、分析求解模块(SOLUTION)、后处理模块(POST1 和 POST26)对应实现。前处理模块(PERP7)具有实体建模、定义材料属性和网格划分的功能,用户可自由建立工程有限元网格模型;分析求解模块(SOLUTION)具有求解平衡微分方程的功能,可在一定荷载和边界条件下对已建模型进行有限元计算;后处理模块(POST1 和 POST26)主要用来分析、显示、输出计算结果。本章依托 ANSYS 二次开发平台对卸荷蠕变模型(FD-HKVP)进行程序的二次开发,模型程序实现如图 7-17 所示。

7.8.3　模型程序验证

为了验证 FD-HKVP 模型计算程序的正确性,利用编制的计算程序对硬岩卸荷蠕变试验进行有限元数值分析,并与卸荷蠕变试验结果进行对比验证。

模型为尺寸为 50 mm×100 mm 的标准圆柱体,共划分为 8000 个单元、8421 个节点,模型在底部 Z 方向约束,如图 7-18 所示。

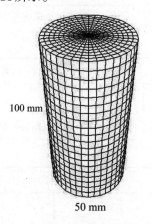

100 mm

50 mm

图 7-18　计算网格模型

为了便于与试验结果进行比较,模型卸荷方式与试验卸荷方式一致。本次选取初始卸荷围压 40 MPa、路径 1 条件下花岗岩卸荷蠕变试验的卸荷方式,计算参数值选取表 7-1 中的轴向参数辨识结果,长期强度取稳态蠕变速率交点法计算值 $\sigma_s = 62.6$ MPa,损伤参数 $\alpha = 0.00001$ h⁻¹($\sigma < 62.6$ MPa),$\alpha = 0.00005$ h⁻¹($\sigma \geqslant 62.6$ MPa),并假定硬岩的泊松比为 0.2 不变。

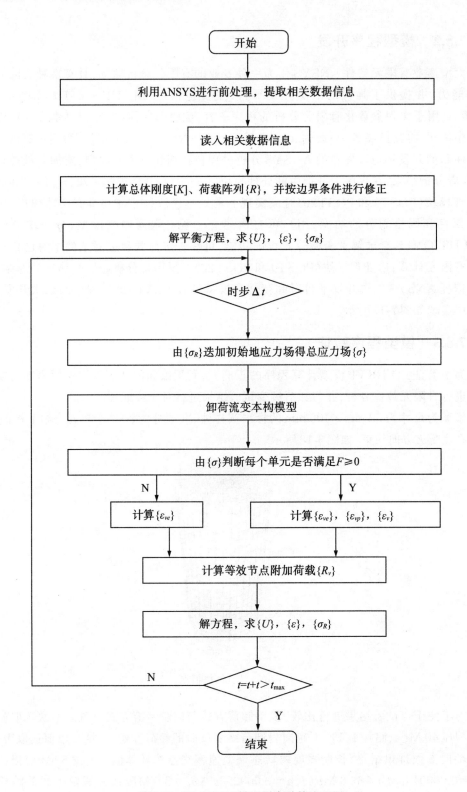

图 7-17 FD-HKVP模型程序计算流程图

模拟计算过程中进行了以下两点处理：

(1)应力σ_2的处理：由于卸荷蠕变试验是伪三轴试验，因而令$\sigma_2 = \sigma_3 =$试验围压值。

(2)计算蠕变量的处理：用有限元计算的蠕变量减去有限元计算的瞬弹性应变，再加上卸荷蠕变试验中实际发生的瞬弹性应变作为最终的计算蠕变量，即计算蠕变量＝有限元计算的蠕变量－有限元计算的瞬弹性应变＋试验的瞬弹性应变。

利用FD-HKVP模型进行分级卸荷蠕变模拟，得到了试件沿Z方向的时间—应变曲线，如图7-19所示。模拟计算结果与试验值吻合较好，当应力水平较低时，试件表现出较明显的弹性和黏性特征；当应力水平逐渐增大至破坏阈值时，试件应变迅速增大，表现出明显的塑性特征；最后，试件在短时间内发生脆性破坏。因此，FD-HKVP模型能模拟硬岩试件的黏塑性蠕变特性，可在实际中应用。

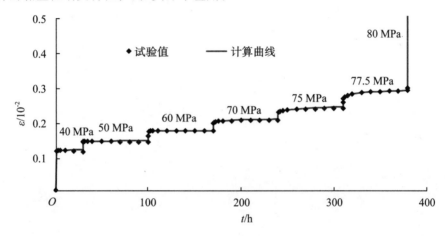

图7-19　有限元计算曲线与试验值的对比验证

7.9　小　结

本章分析了硬脆性岩体卸荷蠕变曲线的变化特征，明确了建立硬脆性岩体卸荷非线性蠕变模型需要解决的问题，利用分数阶微积分理论和损伤理论，构建了符合卸荷蠕变试验现象的FD-HKVP模型，推导了模型的三维方程表达式，对模型进行了拟合辨识及试验验证，并对主要参数敏感性进行了分析。主要结论如下：

(1)基于分数阶微积分理论引入分数阶导数的卸荷蠕变组合元件，基于岩石超声波试验引入损伤变量，建立硬脆性岩体卸荷非线性蠕变本构模型(FD-HKVP模型)。

(2)FD-HKVP模型可通过组合元件的分数阶导数，反映硬脆性岩石稳态阶段和加速阶段不同卸荷蠕变特性，模型的拟合辨识及试验验证与理论分析吻合较好。

(3)当$\alpha = 0$，$\beta = 0$，$\gamma = 0$时，FD-HKVP模型可退化为西原模型，因此，西原模型是FD-HKVP模型的一个特例。

(4)硬脆性岩石卸荷蠕变主要受4个参数的影响,即应力水平σ、分数阶导数β和γ、损伤参数α。应力水平σ主要影响硬脆性岩石稳态蠕变阶段的长短及进入加速蠕变阶段的时间;分数阶导数β和γ影响蠕变阶段的不同形态和蠕变速率;损伤参数α反映蠕变损伤程度,影响蠕变曲线的形态,只有$\alpha>0$时才能出现加速蠕变阶段。

(5)依据ANSYS提供的二次开发平台,我们研制了卸荷蠕变模型的有限元分析程序,并应用编制的程序对硬脆性岩石卸荷蠕变试验进行了有限元分析,结果表明有限元计算结果与卸荷蠕变试验结果吻合程度较高,从而验证了模型程序的正确性。

第8章 工程应用

本章对大岗山水电站高坝边坡所处区域的地质环境、工程地质条件、左右岸软弱结构面特点进行了分析,在卸荷蠕变试验及理论研究成果的基础上,应用编制的卸荷蠕变程序,建立大岗山水电站高坝边坡岩体工程的三维地质力学模型,对边坡岩体的变形发展和应力变化趋势等进行三维数值分析,实现了对大岗山水电站高坝边坡工程长期稳定性的评价;通过卸荷蠕变数值计算结果与加载蠕变数值计算结果的比较,进一步明确开挖卸荷蠕变对高坝边坡工程稳定性及安全性的影响,为高坝工程设计提供了参考。

8.1 工程概况

大岗山水电站位于大渡河中游,坝址区河床及两岸基岩主要为澄江期花岗岩类,上、下坝址以花岗岩为主,辉绿岩脉分布较多。最大坝高约 210 m,坝顶高程 1135 m,河床建基面高程 925 m,坝址区控制流域面积约 62700 km²。坝基岩石工程地质条件极为复杂,河谷呈"Ω"形走向,自然坡度一般为 40°~65°,两岸形成高差约 600 m 的高陡边坡,基岩裸露,岩壁耸立,为典型的深切"V"形峡谷(见图 8-1),需对两岸边坡开挖长期稳定性进行分析研究。

图 8-1　大岗山水电站坝区地形图

8.2 数值计算模型

利用 ANSYS 软件能够与 CAD 软件实现数据共享与交换的特点,将坝基施工图 CAD 系统的几何数据精确地传入 ANSYS,建立用于工程计算的三维数值模型,在该模型上划分网格后进行求解。模型选取较大范围的区域进行三维数值分析,该区域内包含右岸辉绿岩脉和左岸辉绿岩脉,具体范围如下:在坝址枢纽处,顺河向取 800 m,约为坝高的 3.8 倍;横河向取 1500 m,约为坝高的 7.1 倍;模型最大高度取 1200 m,约为坝高的 5.7 倍。模型共生成 220795 个单元、51898 个节点,三维数值模型网格图如图 8-2 所示。

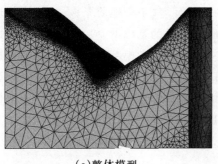 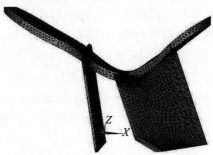

(a)整体模型 　　　　　　　　　　(b)辉绿岩脉 β_{43} 和 β_{21}

图 8-2　大坝数值模型网格图

边界条件:横向和底部边界均施加法向约束,边坡表面作为自由面。开挖后的三维数值模型网格图如图 8-3 所示。

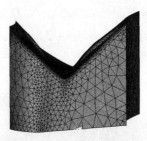

图 8-3　开挖后的数值模型网格图

8.3 计算条件

数值计算模型采用基于分数阶导数的硬岩卸荷非线性蠕变模型(FD-HKVP模型)。本章根据工程现场实际情况,对坝区岩体卸荷蠕变计算参数作如下处理:坝区花岗岩体,采用花岗岩卸荷蠕变试验参数辨识结果的平均值作为计算参数值;坝区辉绿岩脉(β),采用辉绿岩卸荷蠕变试验参数辨识结果的平均值作为计算参数值。根据花岗岩和辉绿岩卸荷蠕变试验参数辨识结果,可得坝区岩体卸荷蠕变计算参数,如表8-1所示。

表8-1 坝区岩体卸荷蠕变计算参数

岩体类别	E_0 /MPa	E_1 /MPa	η_1^β /(MPa·h)	β	η_2^γ /(MPa·h)	γ
花岗岩体	160.93	3361.89	14464.21	0.044	315.66	0.047
辉绿岩脉(β)	140.95	28636.60	51475.10	0.057	85708.19	0.072

8.4 数值分析

采用编制的卸荷蠕变有限元数值程序对模型进行数值模拟,分析大岗山水电站坝基边坡岩体开挖卸荷蠕变变形、应力、塑性区状况,从而对高坝边坡工程的长期稳定性作出有效评价。

8.4.1 边坡开挖应力场分析

图8-4为边坡开挖前的初始主应力场云图。总体来看,边坡开挖卸荷前,应力场受重力场和构造应力场叠加控制的特征比较明显。在坝区河谷岸坡浅表地层范围内,最大主应力方向近似平行于边坡坡面,最小主应力方向近似垂直于边坡坡面;在远离岸坡的深埋岩体内,最大主应力方向近似垂直向,最小主应力方向近似水平向。

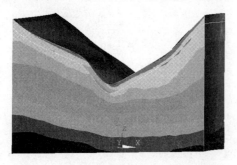 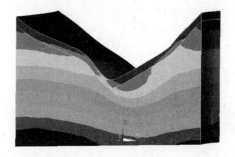

(a)初始最大主应力场　　　　　　(b)初始最小主应力场

图8-4 开挖前初始的主应力场云图

图8-5为边坡开挖后的主应力场云图。由最大主应力场和最小主应力场的变化情况来看,边坡岩体在开挖卸荷作用下,右岸辉绿岩脉β_{43}和左岸起主控作用的辉绿岩脉β_{21}区域附近出现应力激增现象,其他区域内的最大主应力和最小主应力量值总体上逐渐减小。开挖卸荷后,边坡表面出现拉应力区的范围明显增大,说明开挖卸荷造成的松弛范

围增大。

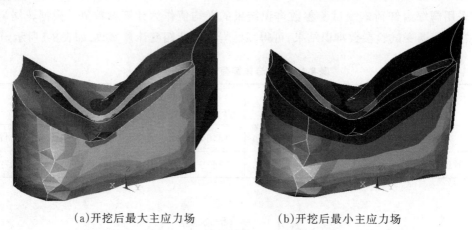

(a)开挖后最大主应力场　　　　　　(b)开挖后最小主应力场

图 8-5　边坡开挖后的主应力场云图

8.4.2　边坡开挖变形分析

根据大岗山水电站坝基边坡岩体设计和施工方法,坝区岩体边坡自上而下分层进行开挖,数值模拟开挖步骤如下:边坡右岸分 8 步开挖,边坡左岸分 7 步开挖,每步开挖的竖向高度约 60 m。在数值计算过程中,边坡右岸和左岸对称各选 9 个位移测控点、坡底中心选 1 个位移测控点、左岸辉绿岩脉选 2 个位移测控点,图 8-6 为边坡分步开挖示意图。

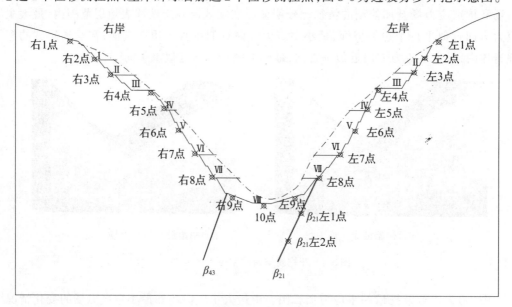

图 8-6　边坡分步开挖示意图

通过应力场的分析可知,开挖后边坡岩体应力场分布发生了较大的变化,这必将引起边坡岩体的变形,从而导致应力场的重分布。应力场重分布的结果又将促使变形进一步发展,甚至破坏。因而,研究边坡的开挖卸荷蠕变变形特征及稳定性状况,是预测边坡变形发展趋势及其长期稳定性的前提。图8-7为边坡岩体开挖卸荷的位移变化云图。

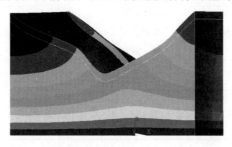

图8-7　边坡开挖卸荷的位移变化云图

从边坡岩体开挖卸荷位移计算分析结果来看,边坡在开挖卸荷时会发生明显的位移。左、右岸边坡从上到下直至坝基面的开挖,造成岩体卸荷,产生卸荷回弹变形,造成附近岩体产生较大位移,方向沿着坡面斜向上指向临空面,随着深度的增加,位移逐渐变小,说明高坝边坡开挖对临近开挖部位的岩体产生较大的影响,而对开挖远处的岩体影响较小。当建设高坝工程时,应当特别注意高坝边坡开挖岩体周边的安全性与稳定性。

为了比较卸荷蠕变模型(FD-HKVP模型)和加载蠕变模型(HCBM模型＋HKKP模型)在大岗山水电站高边坡工程应用中的数值分析结果,表8-2列出了分别由卸荷蠕变模型(FD-HKVP模型)和加载蠕变模型(HCBM模型＋HKKP模型)计算的边坡开挖21个控制点变形位移值。

表8-2　卸荷蠕变模型与加载蠕变模型的控制点位移比较

控制点	计算变形/mm		卸荷比加载计算增大百分比/%	控制点	计算变形/mm		卸荷比加载计算增大百分比/%
	卸荷蠕变	加载蠕变			卸荷蠕变	加载蠕变	
右1点	0.19	0.16	18.9	左1点	7.63	6.62	15.2
右2点	40.01	32.50	23.1	左2点	62.42	51.59	21.0
右3点	59.97	48.52	23.6	左3点	73.64	60.96	20.8
右4点	60.79	50.53	20.3	左4点	55.41	45.64	21.4
右5点	24.25	20.38	19.0	左5点	39.22	33.07	18.6
右6点	18.89	16.24	16.3	左6点	15.30	13.27	15.3
右7点	11.13	9.53	16.8	左7点	17.08	14.65	16.6
右8点	15.24	12.97	17.5	左8点	25.66	21.53	19.2

控制点	计算变形/mm		卸荷比加载计算增大百分比/%	控制点	计算变形/mm		卸荷比加载计算增大百分比/%
	卸荷蠕变	加载蠕变			卸荷蠕变	加载蠕变	
右9点	11.60	9.96	16.5	左9点	23.01	19.67	17.0
10点	13.42	11.47	17.0	10点	13.42	11.47	17.0
β_{21}左1点	33.30	28.46	17.0	β_{21}左2点	24.04	20.58	16.8

由表8-2可以看出,采用卸荷蠕变模型计算的变形值比采用加载蠕变模型计算的位移值要偏大,增大百分比为15%～24%,这说明考虑卸荷蠕变效应计算得到的边坡岩体位移值比考虑加载蠕变效应计算得到的位移值大。陈金华在露天矿高边坡开挖设计的数值分析中,按考虑和不考虑开挖卸荷过程两种工况利用弹塑性本构模型对边坡进行了有限元计算分析。结果表明,考虑开挖卸荷的坡面x向位移极值为40 mm,不考虑开挖卸荷的坡面x向位移极值仅为0.7 mm,前者比后者增大约57倍。刘磊对比了罗宗实采石场考虑及不考虑岩体卸荷损伤效应两种工况数值计算的位移值,发现考虑卸荷损伤效应的位移值普遍比不考虑卸荷损伤效应的位移值大,并认为考虑卸荷损伤效应的边坡岩体单元由压应力状态变为拉应力状态,节点位移增大。刘洋对比了金佛山水库边坡工程考虑卸荷效应和不考虑卸荷效应两种工况的位移计算结果,发现前者的位移计算值明显大于后者的计算值,并通过参考类似工程监测数据,认为考虑卸荷效应的计算值更符合实际。上述计算实例说明,考虑边坡开挖卸荷效应的位移计算值普遍偏大,而本章的计算结果也与这一规律相符,即考虑卸荷蠕变效应时边坡岩体位移值要偏大,因此,边坡岩体开挖应考虑卸荷蠕变的影响。

8.4.3 边坡开挖塑性区分布特征

采用卸荷蠕变模型和加载蠕变模型分别计算得到边坡开挖后的塑性区分布云图,如图8-8所示。表8-3列出了两种模型计算的边坡开挖卸荷塑性区体积。

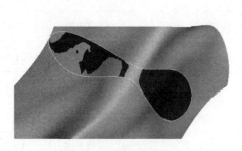 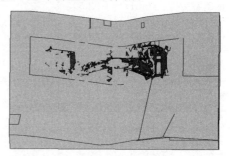

(a)卸荷蠕变塑性区　　　　　　　　　(b)加载蠕变塑性区

图8-8　开挖后的塑性区分布云图

表 8-3　边坡开挖塑性区体积统计

部位	塑性区体积/(10^6 m³)		卸荷比加载增加百分比/%
	卸荷蠕变计算值	加载蠕变计算值	
左岸	1.56	1.14	36.84
右岸	0.41	0.31	32.26
总塑性区	1.97	1.45	35.86

通过对图 8-8 及表 8-3 的分析可知:在开挖作用下,高坝边坡表面产生不同程度的塑性区,从塑性区分布范围来看,左岸要大于右岸。可能存在两方面的原因:一是边坡左岸的开挖卸荷量大于右岸;二是左岸起控制作用的辉绿岩脉规模大。卸荷蠕变模型计算得到的塑性区明显大于加载蠕变模型计算得到的塑性区,卸荷计算的总塑性区体积比加载计算的总塑性区体积大约 35.86%,说明卸荷蠕变引起的扩容变形更大。刘磊等分析罗宗实采石场开挖后边坡塑性区分布图,发现考虑卸荷损伤效应的边坡岩体塑性区范围较不考虑卸荷损伤效应的边坡岩体塑性区范围有所增大,这种现象与本章分析结果一致,这是因为岩体开挖卸荷后,坡面出现拉伸破坏,导致塑性区增大。

8.5　小　结

本章建立了大岗山水电站高坝边坡的三维数值网格模型,应用编制的数值程序对大岗山水电站高坝边坡开挖工程进行了长期稳定性分析。本章研究得出的结论对研究硬岩的高坝边坡工程和深埋隧洞工程的长期稳定性具有重要的参考意义。

参考文献

(1)专著

[1]陈文,孙洪广,李西成.力学与工程问题的分数阶导数建模[M].北京:科学出版社,2010.

[2]哈秋舲,李建林,张永兴,等.节理岩体卸荷非线性岩体力学[M].北京:中国建筑工业出版社,1998.

[3]李建林.卸荷岩体力学[M].北京:中国水利水电出版社,2003.

[4] Goodman R E. Introduction to rock mechanics[M]. New York:John Wiley and Sons,1989.

(2)刊物

[1]柴红保,曹平,林杭.等裂隙岩体损伤演化本构模型的实现及应用[J].岩土工程学报,2010,32(7):1047-1053.

[2]陈军浩,姚兆明,徐颖,等.人工冻土蠕变特性粒子群分数阶导数模型[J].煤炭学报,2013,38(10):1763-1768.

[3]陈亮,刘建锋,王春萍,等.不同温度及应力状态下北山花岗岩蠕变特征研究[J].岩石力学与工程学报,2015,34(6):1228-1235.

[4]陈秀铜,李璐.高围压、高水压条件下岩石卸荷力学性质试验研究[J].岩石力学与工程学报,2008,27(S1):2694-2699.

[5]陈宗基,康文法,黄杰藩.岩石的封闭应力、蠕变和扩容及本构方程[J].岩石力学与工程学报.1991,10(4):299-312.

[6]程丽娟,李仲奎,郭凯.锦屏一级水电站地下厂房洞室群围岩时效变形研究[J].岩石力学与工程学报,2011,30(S1):3081-3088.

[7]崔臻,侯靖,吴旭敏,等.脆性岩体破裂扩展时间效应对引水隧洞长期稳定性影响研究[J].岩石力学与工程学报,2014,33(5):983-995.

[8]代革新,李新虎.岩石加卸荷破坏细观机理CT实时分析[J].工程地质学报,2004,(1):104-108.

[9]邓华锋,周美玲,李建林,等.砂质泥岩三轴卸荷流变力学特性试验研究[J].岩土力

学,2016,37(2):315-322.

[10]丁靖洋,周宏伟,刘迪,等.盐岩分数阶三元件本构模型研究[J].岩石力学与工程学报,2014,33(4):672-678.

[11]范庆忠,李术才,高延法.软岩三轴蠕变特性的试验研究[J].岩石力学与工程学报,2007,26(7):1381-1385.

[12]方建银,党发宁,肖耀庭,等.粉砂岩三轴压缩CT试验过程的分区定量研究[J].岩石力学与工程学报,2015,34(10):1976-1984.

[13]冯学敏,陈胜宏,李文纲.岩石高边坡开挖卸荷松弛准则研究与工程应用[J].岩土力学,2009,30(S2):452-456.

[14]高小平,杨春和,吴文,等.盐岩蠕变特性温度效应的实验研究[J].岩石力学与工程学报.2005,24(12):2054-2059.

[15]韩铁林,陈蕴生,师俊平,等.应力路径对裂隙试样力学特性影响的试验研究[J].岩石力学与工程学报,2013,32(S2):3092-3099.

[16]韩铁林,陈蕴生,宋勇军,等.不同应力路径下砂岩力学特性的试验研究[J].岩石力学与工程学报,2012,31(S2):3959-3966.

[17]何利军,孔令伟,吴文军,等.采用分数阶导数描述软黏土蠕变的模型[J].岩土力学,2011,32(S2):239-243.

[18]何志磊,朱珍德,朱明礼,等.基于分数阶导数的非定常蠕变本构模型研究[J].岩土力学,2016,37(3):737-744.

[19]胡其志,冯夏庭,周辉.考虑温度损伤的盐岩蠕变本构关系研究[J].岩土力学,2009,30(8):2245-2248.

[20]姜德义,范金洋,陈结,等.盐岩在围压卸荷作用下的扩容特征研究[J].岩土力学,2013,34(7):1881-1886.

[21]蒋昱州,徐卫亚,王瑞红,等.拱坝坝肩岩石流变力学特性试验研究及其长期稳定性分析[J].岩石力学与工程学报,2010,28(S2):3699-3709.

[22]康志勤,王玮,赵阳升.基于显微CT技术的不同温度下油页岩孔隙结构三维逾渗规律研究[J].岩石力学与工程学报,2014,33(9):1837-1842.

[23]黎克日,康文法.岩体中泥化夹层的流变试验及其长期强度的确定[J].岩土力学,1983,4(1):39-46.

[24]李果,张茹,徐晓东,等.三轴压缩煤岩三维裂隙CT图像重构及体分形维研究[J].岩土力学,2015,36(6):1633-1642.

[25]李浩然,杨春和,陈锋,等.岩石声波-声发射一体化测试装置的研制与应用[J].岩土力学,2016,37(1):287-296.

[26]李剑光,王永岩.软岩蠕变的温度效应及实验分析[J].煤炭学报,2012,37(S1):81-85.

[27]李连崇,李少华,李宏.基于岩石长期强度特征的岩质边坡时效变形过程分析[J].岩土工程学报,2014,36(1):47-56.

[28]李良权,徐卫亚,王伟.基于西原模型的非线性黏弹塑性流变模型[J].力学学报,2009,41(5):671-680.

[29]李庆辉,陈勉,金衍,等.页岩脆性的室内评价方法及改进[J].岩石力学与工程学报,2012,31(8):1680-1685.

[30]李天斌,王兰生.卸荷应力状态下玄武岩变形破坏特征的试验研究[J].岩石力学与工程学报,1993,12(4):321-327.

[31]李维树,周火明,钟作武,等.岩体真三轴现场蠕变试验系统研制与应用[J].岩石力学与工程学报,2012,31(8):1636-1641.

[32]李小春,曾志姣,石露,等.用于岩石微焦CT扫描的三轴仪及其初步应用[J].岩石力学与工程学报,2016,35(2):7-9.

[33]梁玉雷,冯夏庭,周辉,等.温度周期作用下大理岩三轴蠕变试验与理论模型研究[J].岩土力学,2010,31(10):3107-3112,3119.

[34]刘磊,贾洪彪,马淑芝.考虑卸荷效应的岩质边坡断裂损伤模型及应用[J].岩石力学与工程学报,2015,34(4):747-754.

[35]刘宁,张春生,褚卫江,等.深埋大理岩脆性破裂细观特征分析[J].岩石力学与工程学报,2012,31(S2):3557-3565.

[36]刘钦,李术才,李利平,等.软弱破碎围岩隧道炭质页岩蠕变特性试验研究[J].岩土力学,2012,33(S2):21-28.

[37]刘泉声,王崇革.岩石时-温等效原理的理论与实验研究——第一部分:岩石时-温等效原理的热力学基础[J].岩石力学与工程学报,2002,21(2):193-198.

[38]刘泉声,许锡昌,山口勉,等.三峡花岗岩与温度及时间相关的力学性质试验研究[J].岩石力学与工程学报,2001,20(5):715-719.

[39]吕爱钟,丁志坤,焦春茂,等.岩石非定常蠕变模型辨识[J].岩石力学与工程学报,2008,27(1):16-21.

[40]茅献彪,张连英,刘瑞雪.高温状态下泥岩单轴蠕变特性及损伤本构关系研究[J].岩土工程学报,2013,35(S2):30-37.

[41]裴建良,刘建锋,徐进.层状大理岩卸荷力学特性试验研究[J].岩石力学与工程学报,2009,28(12):2496-2502.

[42]秦尚林,杨兰强,高惠.等.不同应力路径下绢云母片岩粗粒料力学特性试验研究[J].岩石力学与工程学报,2014,33(9):1932-1938.

[43]邱士利,冯夏庭,张传庆,等.不同初始损伤和卸荷路径下深埋大理岩卸荷力学特性试验研究[J].岩石力学与工程学报,2012,31(8):1686-1697.

[44]沈军辉,王兰生,王青海,等.卸荷岩体的变形破裂特征[J].岩石力学与工程学报,2003,22(12):2028-2031.

[45]沈明荣,谌洪菊,张清照.基于蠕变试验的结构面长期强度确定方法[J].岩石力学与工程学报,2012,31(1):1-7.

[46]沈明荣,谌洪菊.红砂岩长期强度特性的试验研究[J].岩土力学,2011,32(11):

3301-3305.

[47]石振明,张力.锦屏绿片岩分级卸荷流变规律研究[J].地下空间与工程学报,2010,6(4):756-762.

[48]苏承东,陈晓祥,袁瑞甫.单轴压缩分级松弛作用下煤样变形与强度特征分析[J].岩石力学与工程学报,2014,33(6):1135-1141.

[49]孙钧.岩石流变力学及其工程应用研究的若干进展[J].岩石力学与工程学报,2007,26(6):1081-1115.

[50]孙凯,陈正林,陈剑.一种基于修正西原模型的冻土蠕变本构关系[J].岩土力学,2015,36(S1):142-146.

[51]汤积仁,卢义玉,孙惠娟,等.基于CT方法的磨料射流冲蚀损伤岩石特性研究[J].岩石力学与工程学报,2016,35(2):297-302.

[52]田洪铭,陈卫忠,田田,等.软岩蠕变损伤特性的试验与理论研究[J].岩石力学与工程学报,2012,31(3):610-617.

[53]王春萍,陈亮,梁家玮,等.考虑温度影响的花岗岩蠕变全过程本构模型研究[J].岩土力学,2014,35(9):2493-2500,2506.

[54]王宇,李建林,邓华锋,等.软岩三轴卸荷流变力学特性及本构模型研究[J].岩土力学,2012,33(11):3338-3344.

[55]吴创周,石振明,付昱凯,等.绿片岩各向异性蠕变特性试验研究[J].岩石力学与工程学报,2014,33(3):493-499.

[56]吴玉山,李纪鼎.大理岩卸载力学特性研究[J].岩土力学,1984,5(1):30-36.

[57]肖洪天,周维垣.脆性岩石变形与破坏的细观力学模型研究[J].岩石力学与工程学报,2001,20(2):151-155.

[58]肖明砾,卓莉,谢红强,等.三轴压缩蠕变试验下石英云母片岩各向异性蠕变特性研究[J].岩土力学,2015,36(S2):73-80.

[59]谢兴华,速宝玉,詹美礼.基于应变的脆性岩石破坏强度研究[J].岩石力学与工程学报,2004,23(7):1087-1087.

[60]熊诗湖,周火明,黄书岭,等.构皮滩软岩流变模型原位载荷蠕变试验研究[J].岩土工程学报,2016,38(1):53-57.

[61]徐国文,何川,胡雄玉,等.基于分数阶微积分的改进西原模型及其参数智能辨识[J].岩土力学,2015,36(S2):132-138.

[62]徐鹏,杨圣奇.泥岩变温蠕变试验温度修正及蠕变特性[J].煤炭学报,2016,41(S1):74-79.

[63]徐卫亚,杨圣奇,谢守益,等.绿片岩三轴流变力学特性的研究(Ⅱ):模型分析[J].岩土力学,2005,6(5):693-6982.

[64]许宏发.软岩强度和弹模的时间效应研究[J].岩石力学与工程学报,1997,16(3):246-270.

[65]闫子舰,夏才初,李宏哲,等.分级卸荷条件下锦屏大理岩流变规律研究[J].岩石

力学与工程学报,2008,27(10):2153-2159.

[66]杨宝全,张林,陈媛,等.锦屏一级高拱坝整体稳定物理与数值模拟综合分析[J].水利学报,2017,48(2):175-183.

[67]杨红伟,许江,聂闻,等.渗流水压力分级加载岩石蠕变特性研究[J].岩土工程学报,2015,37(9):1613-1619.

[68]杨晓杰,彭涛,李桂刚.云冈石窟立柱岩体长期强度研究[J].岩石力学与工程学报,2009,28(S2):3402-3408.

[69]殷德顺,陈文,和成亮.岩土应变硬化指数理论及其分数阶微积分理论基础[J].岩土工程学报,2010,32(5):762-766.

[70]尹光志,秦虎,黄滚,等.不同应力路径下含瓦斯煤岩渗流特性与声发射特征实验研究[J].岩石力学与工程学报,2013,32(7):1315-1320.

[71]苑伟娜,李晓,赫建明,等.土石混合体变形破坏结构效应的CT试验研究[J].岩石力学与工程学报,2013,32(S2):3134-3140.

[72]张建智,俞缙,蔡燕燕,等.渗水膨胀岩隧洞黏弹塑性蠕变解及变形特性分析[J].岩土工程学报,2014,36(12):2195-2202.

[73]张黎明,高速,王在泉,等.不同加卸荷应力路径下大理岩屈服函数研究[J].岩石力学与工程学报,2014,33(12):2497-2503.

[74]张龙云,杨尚阳,张强勇,等.深部花岗岩50℃卸荷蠕变试验研究[J].东南大学学报(自然科学版),2020,50(2):294-302.

[75]张宁,赵阳升,万志军,等.高温作用下花岗岩三轴蠕变特征的实验研究[J].岩土工程学报,2009,31(8):1309-1313.

[76]张强勇,陈芳,杨文东,等.大岗山坝区岩体现场剪切蠕变试验及参数反演[J].岩土力学,2011,32(9):2584-2590.

[77]张青成,左建民,毛灵涛.基于体视学原理的煤岩裂隙三维表征试验研究[J].岩石力学与工程学报,2014,33(6):1227-1232.

[78]张玉,金培杰,徐卫亚,等.坝基碎屑岩三轴蠕变特性及长期强度试验研究[J].岩土力学,2016,37(5):1291-1300.

[79]赵同彬,姜耀东,张玉宝,等.黏弹塑性BK-MC锚固模型二次开发及工程应用[J].岩土力学,2014,35(3):881-886,895.

[80]赵延林,曹平,文有道,等.岩石弹黏塑性流变试验和非线性流变模型研究[J].岩石力学与工程学报,2008,27(3):477-477.

[81]周辉,孟凡震,张传庆,等.基于应力—应变曲线的岩石脆性特征定量评价方法[J].岩石力学与工程学报,2014,33(6):1114-1122.

[82]周家文,徐卫亚,杨圣奇.改进的广义Bingham岩石蠕变模型[J].水利学报,2006,37(7):827-830.

[83]朱合华,叶斌.饱水状态下隧道围岩蠕变力学性质的试验研究[J].岩石力学与工程学报,2002,21(12):1791-1796.

[84]朱杰兵,汪斌,邬爱清.锦屏水电站绿砂岩三轴卸荷流变试验及非线性损伤蠕变本构模型研究[J].岩石力学与工程学报,2010,29(3):528-534.

[85]朱杰兵,汪斌,杨火平,等.页岩卸荷流变力学特性的试验研究[J].岩石力学与工程学报,2007,26(S2):4452-4456.

[86]朱元广,刘泉声,康永水,等.考虑温度效应的花岗岩蠕变损伤本构关系研究[J].岩石力学与工程学报,2011,30(9):1882-1888.

[87]朱长歧,郭见杨.黏土流变特性的再认识及确定长期强度的新方法[J].岩土力学,1990,11(2):15-22.

[88]左建平,满轲,曹浩,等.热力耦合作用下岩石流变模型的本构研究[J].岩石力学与工程学报,2008,27(S1):2610-2616.

[89]左双英,史文兵,梁风,等.层状各向异性岩体破坏模式判据数值实现及工程应用[J].岩土工程学报,2015,37(S1):191-196.

[90]Bazhin A A, Murashkin E V. Creep and stress relaxation in the vicinity of a micropore under the conditions of hydrostatic loading and unloading[J]. Doklady Physics,2012,57(8): 294-296.

[91]Boukharovg G N, Chanda M W, Boukharov N G. The three processes of brittle crystalline rock creep[J]. International Journal of Rock Mechanics and Mining Sciences and Geomechanics Abstracts,1995,32(4): 325-335.

[92]Brantut N, Heap M J, Meredith P G, et al. Time-dependent cracking and brittle creep in crustal rocks: A review[J]. Journal of Structural Geology,2013,52: 17-43.

[93]Chen Wei, Konietzky H. Simulation of heterogeneity, creep, damage and lifetime for loaded brittle rocks[J]. Tectonophysics,2014,633: 164-175.

[94]Firme, Pedro A L P, Roehl, et al. An assessment of the creep behaviour of Brazilian salt rocks using the multi-mechanism deformation model[J]. Acta Geotechnica,2016,11(6): 1445-1463.

[95]Fujii Y, Kiyama T, Ishijima Y, et al. Circumferential strain behavior during creep tests of brittle rocks[J]. International Journal of Rock Mechanics and Mining Sciences,1999,36(3): 323-337.

[96]Krishnan B, Jitendra S V, Raghu V Prakash. Creep damage characterization using a low amplitude nonlinear ultrasonic technique [J]. Materials Characterization,2011,62(3): 275-286.

[97]Lau Josep S O, Chandler N A. Innovative laboratory testing[J]. International Journal of Rock Mechanics and Mining Science,2004,41(8): 1427-1445.

[98]Li Xiaozhao, Shao Zhushan. Investigation of Macroscopic Brittle Creep Failure Caused by Microcrack Growth Under Step Loading and Unloading in Rocks[J]. Rock Mechanics and Rock Engineering. 2016,49(7): 2581-2593.

[99]Liu Jianfeng, Wang Lu, Pei Jianliang, et al. Experimental study on creep deforma-

tion and long-term strength of unloading-fractured marble [J]. European Journal of Environmental and Civil Engineering,2015,19(SI): S97-S107.

[100]Liu Lang,Wang Geming,Chen Jianhong,et al. Creep experiment and rheological model of deep saturated rock[J]. Transactions of Nonferrous Metals Society of China,2013, 23(2):478-483.

[101]Lu Yinlong,Elsworth D,Wang Lianguo. A dual-scale approach to model time-dependent deformation,creep and fracturing of brittle rocks[J]. Computers and Geotechnics, 2014,60: 61-76.

[102]Maraninie E,Brignoli M. Creep behaviour of a weak rock:experimental characterization[J]. International Journal of Rock Mechanics and Mining Sciences, 1999, 36(1): 127-138.

[103]Maraninie E,Yamaguchi T. A nonassociated viscoplastic model for the behaviour of granite in triaxial compression[J]. Mechanics of Materials,2001,33(5): 283-293.

[104]Nedjar B,Le R R. An approach to the modeling of viscoelastic damage. Application to the long-term creep of gypsum rock materials[J]. International Journal for Numerical and Analytical Methods in Geomechanics. 2013,37(9): 1066-1078.

[105]Okubo S,Nishimatsu Y,Fukui K. Complete creep curves under uniaxial compression[J]. International Journal of Rock Mechanics and Mining Sciences and Geomechanics Abstracts,1991,28(1): 77-82.

[106]Rybacki E,Morales L F G,Naumann M,et al. Strain localization during high temperature creep of marble: The effect of inclusions[J]. Tectonophysics. 2014,634: 182-197.

[107]Sorace S. Effects of initial creep conditions and temporary unloading on the long-term response of stones[J]. Materials and Structures,1998,31(212): 555-562.

[108]Wu Fei,Liu JianFeng,Wang Jun. An improved Maxwell creep model for rock based on variable-order fractional derivatives[J]. Environmental Earth Sciences, 2015, 73 (11): 6965-6971.

[109]Xu Wenxiang,Xu Binbin,Guo Fenglin. Elastic properties of particle-reinforced composites containing nonspherical particles of high packing density and interphase: DEM-FEM simulation and micromechanical theory[J]. Computer Methods in Applied Mechanics and Engineering,2017,326: 122-143.

[110]Ye Guanlin,Nishimura T,Zhang Feng. Experimental study on shear and creep behaviour of green tuff at high temperatures[J]. International Journal of Rock Mechanics and Mining Sciences. 2015,23(8): 19-28.

[111]Zhang Yu,Shao Jianfu,Xu Weiya,et al. Time-dependent behavior of cataclastic rocks in a multi-loading triaxial creep test[j]. rock mechanics and rock engineering. 2016,49 (9): 3793-3803.

[112]Zhao Yangsheng,Feng Zijun,Xi Baoping,et al. Deformation and instability fail-

ure of borehole at high temperature and high pressure in hot dry rock exploitation[J]. Renewable Energy. 2015,23(9): 159-165.

[113]Zhao Yanlin, Zhang Lianyang, Wang Weijun, et al. Creep behavior of intact and cracked limestone under multi-level loading and unloading cycles[J]. Rock Mechanics and Rock Engineering,2017,50(6): 1409-1424.

[114]Zhengmeng Hou. Mechanical and hydraulic behavior of rock salt in the excavation disturbed zone around underground facilities[J]. International Journal of Rock Mechanics and Mining Sciences,2003,40(5): 725-738.

[115]Zhou H W, Wang C P, Han B B, et al. A creep constitutive model for salt rock based on fractional derivatives[J]. International Journal of Rock Mechanics and Mining Sciences,2011,48(1): 116-121.

[116]Zhou Yongsheng, Zhang Huiting, Yao Wenming, et al. An experimental study on creep of partially molten granulite under high temperature and wet conditions[J]. Journal of Asian Earth Sciences,2017,139(SI): 15-29.

[117]Zienkiewicz O, Owen D, Cormeau I. Analysis of viscoplastic effects in pressure vessels by the finite element method[J]. Nuclear Engineering and Design. 1974,28(2): 278-288.

(3)学位论文

[1]陈金华.考虑开挖过程卸荷效应的露天矿边坡分析[D].太原:太原理工大学,2005.

[2]丛宇.卸荷条件下岩石破坏宏细观机理与地下工程设计计算方法研究[D].青岛:青岛理工大学,2014.

[3]崔少东.岩石力学参数的时效性及非定常流变本构模型研究[D].北京:北京交通大学,2010.

[4]蒋昱州.高拱坝拱肩槽岩石流变力学特性试验研究及其长期稳定性分析[D].南京:河海大学,2009.

[5]刘洋.岩质边坡开挖卸荷力学特性及其在水利工程中应用研究[D].重庆:重庆大学,2014.

[6]王兴霞.砂岩三轴加卸荷试验研究及工程应用[D].武汉:武汉大学,2012.

[7]杨文东.复杂高坝坝区边坡岩体的非线性损伤流变力学模型及其工程应用[D].济南:山东大学,2011.

[8]赵茉莉.复杂坝基岩体渗流应力耦合流变模型研究及应用[D].济南:山东大学,2014.

[9]朱杰兵.高应力下岩石卸荷及其流变特性研究[D].武汉:中国科学院武汉岩土力学研究所,2009.

[10]邹义胜.高温对花岗岩卸荷力学影响试验研究[D].武汉:湖北工业大学,2020.

ure of borehole at high temperature and high pressure in borehole[J]. Geotechnical Testing Technology, 2013, 20(3): 150-15.

[11] Zhao Yangsen, Zhang Chunhua, Wang Weiguo, et al. Injury behavior of microcrack limestone under mechanical loading, its simulation by test[J]. Rock Mechanics and Rock Engineering, 2017, 50(8): 1409-1420.

[12] Zhonghong Hou, Yaohui Wang, et al. Investigation of thermal softening in the excavation disturbed zone around underground cavern[J]. International Journal of Rock Mechanics and Mining Sciences, 2015, 40(6): 726-738.

[13] Zhao J, Wang C, et al. Fracture toughness and creep properties study of rock based on the mountain deformation[J]. International Journal of Rock Mechanics and Mining Sciences, 2011, 48(1): 14-18.

[14] Zhou Bingsheng, Zhang Lenhua, Yue Yannsong, et al. An experimental study on creep properties of granite and sandstone under high temperature[J] and wet conditions[J]. Journal of Earth Science, 2014, 25(5): 11-99.

[15] Glaskova G, Smith D A, et al. Evaluation of effects of effective stress on rock crack vessels by the finite element method[J]. Journal of Engineering Mechanics, 1975, 15(2): 29-250.

(3) 中文文献

[1] 赵阳升, 万志军, 康健, 高温岩体地热开发导论[M]. 北京: 科学出版社, 2004.

[2] 赵阳升, 万志军, 张渊, 等. 岩石热破裂与渗透性相关规律的试验研究[J]. 岩石力学与工程学报, 2010, 29.

[3] 冉曾令, 等. 高温及围压作用下岩石损伤演化本构模型研究[J]. 岩土力学, 2010.

[4] 田红, 赵阳升, 等. 高温作用下花岗岩热破裂过程细观观测及损伤演化研究[D]. 太原理工大学, 2006.

[5] 徐小丽, 高峰, 等. 温度作用下花岗岩力学性质及其本构关系研究[D]. 中国矿业大学.

[6] 杨圣奇, 等. 岩石破裂过程的细观数值模拟及声发射特性研究[D].

[7] 许锡昌, 岩石高温破裂及其损伤演化规律研究[D]. 武汉理工大学, 2011.

[8] 赵阳升, 等. 高温岩体地热开发的三维固流耦合模型[J]. 岩石力学与工程学报, 2002.

[9] 张志镇, 等. 高温后花岗岩力学特性及其本构关系研究[J]. 岩石力学与工程学报, 2006.

[10] 陈学东, 等. 高温作用下岩石力学性质试验研究及数值模拟[J]. 岩土力学, 2003.